西北大学“双一流”建设项目资助

Sponsored by First-class Universities and Academic
Programs of Northwest University

生物工程
下游处理技术导论

SHENGWUGONGCHENG
XIAYOUCHULIJISHU DAOLUN

边六交　编著

西北大学出版社

·西安·

图书在版编目（CIP）数据

生物工程下游处理技术导论 / 边六交编著. —西安：
西北大学出版社，2019.10
ISBN 978－7－5604－4444－4

Ⅰ. ①生…　Ⅱ. ①边…　Ⅲ. ①生物工程　Ⅳ. ①Q81

中国版本图书馆 CIP 数据核字（2019）第 241500 号

生物工程下游处理技术导论

边六交　编著

出版发行　西北大学出版社
（西北大学校内　邮编：710069　电话：029-88303059）
http://nwupress.nwu.edu.cn　　E-mail: xdpress@nwu.edu.cn

经　销	全国新华书店	
印　刷	西安华新彩印有限责任公司	
开　本	787 毫米×1092 毫米　　1/16	
印　张	11	

版　次	2019 年 10 月第 1 版	
印　次	2019 年 10 月第 1 次印刷	
字　数	173 千字	

书　号	ISBN 978－7－5604－4444－4	
定　价	32.00 元	

本版图书如有印装质量问题，请拨打 029－88302966 予以调换。

前　言

　　本书介绍了生物工程下游处理技术的基本原理和实践过程，主要包括菌种的培养和发酵、目标成分的分离和纯化以及目标成分的分析检测和冷冻干燥三部分内容。在菌种的培养和发酵部分，主要介绍了菌种的保存和纯化、菌种的发酵和培养、微生物细胞的收集以及微生物细胞的破碎和分离等内容；在目标成分的分离和纯化部分，在介绍包涵体的分离和纯化以及变性蛋白的复性和重折叠的基础上，主要介绍了超滤、扩张柱床吸附技术、双水相萃取和反胶束萃取等常用粗分离方法和离子交换层析法、反相液相层析法、疏水作用层析法、亲合层析法、体积排阻层析法等常用精分离方法以及在设计目标成分分离纯化工艺时方法和分离条件的选择等内容；在目标成分的分析检测和冷冻干燥部分，主要介绍了聚丙烯酰胺凝胶电泳、毛细管电泳和冷冻干燥等内容。

　　本书可作为生物、化工、化学、药学和医学等专业方面高年级本科生和研究生的教学参考书，也可为从事相关专业的从业人员提供相关的理论和技术参考。

编　者

2019 年 4 月 10 日

目　录

第一章 生物工程下游技术导论

本章主要包括现代生物技术概论和生物工程下游处理概论两部分内容。

现代生物技术概论一节主要介绍了现代生物技术的概念和现代生物技术在基因工程制药、动物基因工程、植物基因工程以及基因治疗中的应用等内容。

生物工程下游处理概论一节主要介绍了生物工程下游处理技术的重要性、生物工程产品生产过程的特点以及生物工程下游处理技术的一般程序等内容。

第一节 现代生物技术概论

生物技术（Biotechnology）也叫生物工程（Bioengineering），是指人们以现代生命科学为基础，结合先进的工程技术手段和其他基础学科的科学原理，按照预先的设计改造生物体或加工生物原料，以为人类生产出所需产品或达到某种目的的过程。虽然生物技术包括细胞工程(Cell Engineering)、酶工程（Enzyme Engineering）、发酵工程（Fermentation Engineering）、蛋白质工程（Protein Engineering）和基因工程（Gene Engineering）等工程，但这些技术并不是各自独立的，它们彼此之间互相联系、互相渗透。其中，基因工程是生物技术的核心技术，它的发展往往能够引领和带动其他技术的发展。

一、现代生物技术

现代生物技术是以基因重组和基因人为调控为基础的生物技术，其明显标志是 1972 年美国科学家的工作。

1972 年：美国 Berg 和 Jakson 的工作。

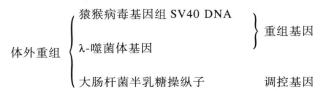

1973 年：斯坦福大学 Cohen 和 Boyer 体外构建了含有四环素和链霉素两个抗性基因的重组质粒，然后将这种重组质粒导入大肠杆菌，使该重组质粒得到稳定复制，并且赋予受体细胞相应的抗生素抗性。

以上两组科学家的工作，第一组实现了基因的重组，第二组提供了重组后的筛选功能，从而直接导致了基因工程的诞生。但出人意料的是，一些人对这项新技术的第一个反应便是应当禁止有关实验，其严厉程度远远超过今天人们对人体克隆的关注。Cohen 本人也担心，两种不同生物的基因重组有可能为自然界创造出一个不可预知的危险物种，使人类遭受灭顶之灾。

1975 年：西欧几个主要国家限制基因重组的实验规模。

1976 年：美国限制基因重组的实验规模。

1998 年：中国立法，主要限制了基因工程的规模，什么可以做，什么不能做，并对相关产品商标进行了规范，使大家有知情权。

直到今天，仍有少数国家坚持限制基因重组实验。

二、现代生物工程技术的应用

现代生物工程技术在以下几个方面有着重要应用。

1. 基因工程制药

1977 年：日本的 Tfahura 首次在大肠杆菌中克隆并表达了人生长激素释放抑制因子（治疗巨人症）。

1978 年：美国的 Ullvich 用大肠杆菌表达了人胰岛素，同年 GeneTech

公司开发出其生产工艺。

1982 年：GeneTech 公司的 Insulin 上市，是人类历史上第一个基因工程药物，揭开了基因工程产业化的序幕。

1985 年：美国重组人生长激素（rh-GH）和α干扰素（IFN-α）上市。

现在，已经有几百种细胞因子类基因工程药物和诊断试剂上市，更多的基因工程药物、疫苗和诊断试剂还在研制开发中。

基因工程药物的特点主要表现在以下几个方面。

（1）基因工程药物是人体天然蛋白质，安全性高，毒副作用小。

（2）基因工程药物有可能治疗一些过去难以治疗的疾病。IFN-α：治丙型肝炎；IFN-γ：治疗风湿性关节炎。

（3）许多蛋白的功能是网络性的，临床上表现为较为普遍的疗效，因此采用基因工程开发风险比较低。

（4）基因工程使一些稀贵蛋白能够大量生产，使原来不可能用于治疗目的的蛋白可用于临床。基因工程药物出现前，大多数人用蛋白药物从人（血、尿）或动物组织或器官中提取：

50 万头绵羊脑中可提取 5 mg 生长激素释放抑制因子，而 9 L 细菌发酵液即可制备同样数量的生长激素释放抑制因子；

2 L 人血生产 1 μg 人白细胞干扰素，而 1 L 细菌发酵液可生成 600 μg 人白细胞干扰素；

450 kg 猪胰脏可分离提取 10 g 胰岛素，而从 200 L 发酵液中即可提取同样的胰岛素。

重组细胞因子类药物是临床上经常应用的免疫制剂。机体的各种细胞均能合成和分泌多种细胞因子，它们调节机体的生理功能，参与各种细胞的增殖、分化和凋亡过程的调节，这些由细胞分泌并调节细胞功能的物质统称为细胞因子。当然，细胞因子也有病理性反应的一面，如白细胞介素-1、白细胞介素-6 和肿瘤坏死因子等就具有强烈的炎性作用，可导致局部细胞组织的坏死，甚至引起全身功能紊乱，故也称炎性因子。尽管目前发现的细胞因子种类很多，仅白细胞介素类物质就已超过 20 种，但真正能够用于临床的并不多，最常应用的有以下几种。

（1）干扰素：干扰素（Interferon）是 1957 年从被病毒感染的细胞的上清液中发现的第一个细胞因子，其具有抑制病毒复制的生物活性。干扰素也是第一个广泛应用于临床并取得明显疗效的细胞因子，目前多用于肿瘤、病毒感染及免疫调节的治疗。干扰素的副作用主要为发热和影响骨髓造血功能，停用后可恢复，但长期应用可诱导体内产生抗干扰素抗体，治疗效果减弱。

（2）白细胞介素类：白细胞介素（Interleukin）的原义是指介导白细胞间相互作用的一类细胞因子。1979 年第二届淋巴因子国际会议上正式确定了白细胞介素的命名方法及标准，此后每年都发现新的白细胞介素，至今，已经正式命名的白细胞介素有 20 多种。后来的研究表明，白细胞介素不但介导白细胞间的相互作用，而且参与了其他细胞的调节，并与它们相互影响和相互制约，由此构成了一个开放复杂的细胞因子调节网络，例如神经-内分泌-免疫网络就是由各个系统分泌的细胞因子相互作用而联系的。对细胞因子网络的研究不但会丰富免疫治疗手段，而且会使我们更加深入地认识免疫系统复杂而精确的调节机制。

白细胞介素的临床应用以白细胞介素-2 最为广泛。白细胞介素-2 是由辅助性 T 细胞分泌并参与多种免疫过程的因子。由于辅助性 T 细胞既是白细胞介素-2 的产生细胞，又是白细胞介素-2 作用的靶细胞，因此呈现正反馈现象，即少量的白细胞介素-2 可引发强烈的免疫反应，这也是细胞因子的自分泌现象。自从美国学者 Rosenberg 发现白细胞介素-2 诱导的淋巴细胞具有强烈的肿瘤细胞杀伤能力（LAK）以来，白细胞介素-2 的应用更加广泛，尤其对于肿瘤和病毒感染的治疗，取得了一定的效果。白细胞介素-2 的体内半衰期极短，有研究报道其体内半衰期仅为 20 分钟，因此目前应用多主张大剂量连续输注，其间使用不便，不但增加了费用，而且大剂量使用白细胞介素-2 还有发热、水肿、骨髓抑制等副作用。其他白细胞介素的使用则远不如白细胞介素-2 广泛，临床报道的仅有白细胞介素-3 用于治疗血液系统疾病；白细胞介素-5 用于治疗寄生虫感染；白细胞介素-12 用于纠正艾滋病患者的 TH1 细胞进行性减少；白细胞介素-4 和白细胞介素-13 可诱导 B 细胞发生免疫球蛋白重链的类别而分泌 lg，因此抑制这两种因子的活性可预防 Ⅰ 型超敏反应的发生；抑制白细胞介素-6 活性可治疗某些自身免疫病，如慢性肾小球肾炎、银屑病等。

（3）集落刺激因子：在进行造血细胞的体外研究中发现，一些细胞因子可刺激不同的造血干细胞在半固体培养基中形成细胞集落，这些因子被命名为集落刺激因子（Colony Stimulating Factor，CSF）。根据其作用对象，集落刺激因子可进一步命名并分为粒细胞集落刺激因子（G-CSF）、巨噬细胞集落刺激因子（M-CSF）、粒细胞和巨噬细胞集落刺激因子（GM-CSF）。刺激红细胞增殖的红细胞生成素、刺激造血干细胞的干细胞因子、刺激胚胎干细胞的白血病抑制因子以及刺激血小板的血小板生成素等，也可归为集落刺激因子范畴。不同的集落刺激因子对不同发育阶段的造血干细胞和祖细胞起着促进增殖分化的作用，是血细胞繁盛必不可少的刺激因子。目前，临床上以粒细胞集落刺激因子和促红细胞生成素的报道最多，常用于各种原因的血细胞减少症，如再生障碍性贫血和肿瘤放、化疗的辅助治疗等；而促红细胞生成素由于可增加红细胞的携氧能力而增加体力，已成为一种新的兴奋剂，可在体育竞赛中使用，因此对促红细胞生成素的监测已成为反兴奋剂的新课题。

（4）生长因子：生长因子（Growth Factor，GF）是一类可促进机体不同细胞生长的因子。它们在人体内的作用极其广泛，人体的生长发育与形形色色的生长因子密切相关，在机体发育期尤其明显。在胚胎期和新生期的动物体内可发现多种生长因子，如促肝细胞生长因子、神经细胞生长因子等，而一旦进入成年期，生长因子基因关闭，机体生长减缓，体内生长因子含量就会明显下降，甚至消失。当机体细胞受到损伤大量死亡时，生长因子基因就会被激活，重新释放出大量相关的生长因子，以保证损伤的修复。如果体液中缺乏生长因子，就会直接影响机体的发育和功能，因此，对于这类患者，生长因子的使用是唯一有效的治疗手段。随着科学技术的进步，将生长因子基因导入相应的靶细胞使其恢复功能，可能是更有希望的方向。

（5）肿瘤坏死因子：肿瘤坏死因子（Tumor Necrosis Factor，TNF）是一类能直接造成肿瘤细胞死亡的细胞因子，它可直接诱导肿瘤细胞的凋亡。根据结构和来源，肿瘤坏死因子可分为由单核巨噬细胞产生的肿瘤坏死因子-α和由活化的 T 细胞产生的肿瘤坏死因子-β两类。后者旧称淋巴毒素，而在临床上用于肿瘤治疗的为前者。后来又发现了肿瘤坏死因子家族的一些新的活性，但尚未见到临床应用的报道。如肿瘤坏死因子-α大剂量应用于人体后会引起恶病质状态，表现为进行性消瘦、脂肪重新分布等。

（6）趋化因子：趋化因子（Chemotactic Factor，CF）是一类具有趋化作用的细胞因子，它们能吸引免疫细胞到达免疫应答局部从而参与免疫调节和免疫病理反应。趋化因子多为小于 100 个氨基酸的小分子多肽，根据结构可分为 CXC、CCC、C 和 CX3C 四个趋化因子亚家族，其中 C 代表半胱氨酸，X 代表任一氨基酸。CXC 家族成员多数基因定位于 4 号染色体上，包括白细胞介素-8、干扰素诱导蛋白 10（Interferon Inducible Protein-10，IP-10）等；CCC 家族成员多数基因定位于 17 号染色体上，包括巨噬细胞炎性蛋白（Macrophage Inflammatory Protein-1，MIP-1α，β）、巨噬细胞趋化蛋白（Macrophage Chemotactic Protein-1，MCP-1）、正常 T 淋巴细胞表达和分泌的活性调节蛋白（Regulated upon Activation，Normal T-cell Expressed and Secreted，RANTES）等；C 家族只有一个成员淋巴细胞趋化因子（Lymphotactin），基因定位于 1 号染色体上；而 CX3C 家族也只有一个成员重组人膜结合型趋化因子（Fractalkine），基因定位于 16 号染色体上。

（7）胸腺制剂：人类的免疫系统会随年龄的增长而衰老，研究表明，人体内最先衰老的器官就是免疫器官——胸腺。胸腺在人出生后不久即已开始衰老，至 18 岁后基本丧失功能，此后由血循环中一群称为长命淋巴细胞的免疫活性细胞代替胸腺行使功能，但这些长命淋巴细胞的平均寿命也只有 30 年，即人类进入中年（48 岁左右）后，长命淋巴细胞就开始死亡。这种现象并非疾病导致，而是一种主动的自然死亡，又称为细胞凋亡或细胞自杀。随着这些细胞数目的陆续减少，免疫应答能力尤其是细胞免疫能力就会逐渐下降，导致病毒或胞内菌感染频发，而抑制性 T 细胞的功能衰退，极易导致自身免疫病的发作。一项调查表明，60 岁以上人群中，血清自身抗体浓度增高，种类也增多，就是这种自身免疫反应的后果。对于此类情况，应用胸腺制剂如胸腺素（Thymosin）、胸腺五肽（Thymopentin）等都会取得较好的效果，但目前胸腺制剂多为混合物，其成分和结构尚不明确，其中只有胸腺五肽结构明确、作用特异。

（8）其他：临床上常用的转移因子、胎盘因子等，都属于免疫活性细胞的分泌产物，临床应用也有一定效果。但由于对它们的结构和作用机制尚未完全了解，因此影响它们在临床上的进一步广泛应用。

2. 动物基因工程

动物基因工程就是将具有某种性状的目的基因插入动物基因组中，从而使它们能在动物体内获得稳定遗传并使动物产生某种特定性状的过程。

（1）羊奶 SOD：1998 年，英国 Roslin 研究所的工作。

多莉　莫莉　波莉

带有人基因抗氧化剂 SOD，能在羊体内稳定
表达并使羊奶中含有 SOD。用于治疗过氧化
物所引起的疾病——早产儿氧中毒症

（2）羊产人奶：将人乳清蛋白基因导入羊基因组中，从而在羊奶中表达出人乳清蛋白。

（3）转基因鲫鱼：将人生长激素基因导入鲫鱼基因组中，使鲫鱼生长得更快且体型比原来更大。

3. 植物基因工程

植物基因工程就是将具有某种性状的目的基因导入某种植物基因组中，使它们能在植物中稳定遗传并能使植物产生某种特定性状的过程。

（1）抗虫害棉花：将一种蜘蛛的毒蛋白基因导入棉花中，使得棉花获得抗棉铃虫性状。

（2）抗菌植物：将抗菌肽基因导入植物，使得植物产生抗菌、抗虫害和抗病毒性状。

（3）抗冻梨：将鱼的一种抗冻基因导入梨中，有望解决梨冬季储存不耐冻的问题。

（4）耐盐植物：将红树抗盐基因导入植物基因组中，使我们可能在盐碱地上种植植物或可以用海水浇地。

（5）耐旱植物：将仙人掌的耐旱基因导入植物基因组中，使我们可能在旱地上种植植物。

4. 基因治疗

一些疾病和遗传疾病是由于基因的异常活动和变异而导致的，如人体肿瘤的发生是由于人体抑癌基因的突变而导致的。基因治疗就是将目的基因导入靶细胞以后与宿主细胞内的基因发生重组，使其成为宿主细胞的一部分，从而可以稳定地遗传下去并达到对疾病进行治疗的目的。

基因治疗的主要方法有基因置换、基因修正、基因修饰和基因失活等。

5. 蛋白质工程

蛋白质工程也称第二代基因工程，就是在 DNA 分子水平上位点专一性地改变结构基因编码的氨基酸序列，使之表达出比天然蛋白质性能更为优异的突变蛋白（Mutein）或通过基因化学合成，设计制造出自然界不存在

的全新的工程蛋白质分子的过程。

通过蛋白质工程使蛋白质更稳定通常易于办到，如耐酸、耐碱、耐热等，但要提高蛋白质的活性则一般比较困难。

三、我国基因工程发展概况

1. 863计划

1986年3月3日，王大珩、王淦昌、杨嘉墀、陈芳允四位老科学家向中共中央提出要跟踪世界先进水平，发展我国的高技术的建议。他们的建议经过广泛和全面的科学和技术论证后，中共中央、国务院批准了《高技术研究发展计划（863计划）纲要》。863计划的总体目标在于集中少部分精干力量，在所选的高技术领域瞄准世界前沿，缩小与发达国家的差距，带动相关领域科学技术进步，造就一批高水平技术人才，为未来形成高技术产业创造条件。

最初设计的863计划主要包括六大领域，即生物技术、航天技术、信息技术、激光技术、自动化技术及新能源和新材料技术，1996年增加海洋研究。863计划是一项对国家的长远发展具有重要战略意义的国家高技术研究发展计划，在我国科技事业发展中占有极其重要的位置，它肩负着发展高科技、实现产业化的重要历史使命。863计划实施以来取得了一大批具有世界水平的研究成果，突破并掌握了一批关键技术，缩小了同世界先进水平的差距，培育了一批高技术产业生长点，极大地带动了我国高技术及其产业的发展，并为传统产业的改造提供了高技术支撑，使我国在863计划所选高技术领域，由跟踪起步进入一个蓬勃发展的阶段。

2. 863计划的生物领域

我国1986年实施的863计划，生物技术领域首位入选，并确定了农业和生物医药工程两个突破口。863计划生物领域课题承担单位遍布除港澳台以外所有省、直辖市、自治区，其中北京、上海、江苏、广东等地相对集中。在863计划生物技术领域的总投入中，农业占了47.28%，医药和蛋白质工程占了52.72%。

863计划生物领域主要设置三个主题、六个重大项目。

（1）三个主题分别为：

高产、优质、抗逆动植物新品种；

新型药物、疫苗和基因治疗；

蛋白质工程。

（2）六个重大项目包括：

两系法杂交稻技术；

抗虫棉花等转基因植物；

生物技术药物；

重大疾病相关基因的研究；

恶性肿瘤等疾病的基因治疗；

动物乳腺生物反应器。

第二节 生物工程下游处理概论

生物工程下游处理（Downstream Processing）是指生物工程产品生产程序中的后期加工过程，主要包括微生物细胞的发酵培养、细胞的收集和破碎、包涵体的溶解和变性、目标产品的富集和浓缩、粗产品的分离和纯化以及相关的检测和加工等，是生物工程产品从上游设计到最后产品的生产和加工过程。

一、生物工程下游处理的重要性

生物工程下游处理的重要性主要表现在以下几个方面。

（1）当用生物提取方法生产产品时，生物工程的下游处理过程基本能够代表产品的全生产过程；而在基因工程菌的发酵生产中，下游处理过程要占整个生产过程费用的90％以上，而且这种倾向还有继续增加的趋势。

（2）当进行生物工程产品的加工时，在实验室工艺中，我们一般不考虑成本，可使用任何可用的方法；而在工业化大规模生产工艺中，我们不但要关心所用试剂、材料和仪器设备等是否能够从市场上合法得到，而且更重要的是，我们还要关心所生产的产品在经济上是否可行。

（3）生物工程下游处理是生物工程产品实验室工艺由中试成果转化成工程产品，并最终转化成商品的重要环节。因此，发酵工艺条件的优化、分离纯化技术的先进性以及产品剂型的选择和加工过程的先进性，是降低生产成本、提高产品竞争力的重要手段。

二、生物工程产品生产过程的特点

生物工程产品生产过程的特点主要体现在以下几个方面。

（1）分离目标产品困难。不论是发酵液或它们的破碎液，还是动植物组织或它们的破碎液，都是复杂的多相系统，分散在其中的固体和胶状物质都具有可压缩性，它们的密度和液体相近，而黏度比液体更大，属非牛顿液体。要从这种固体和液体的混合物中分离出所需的目标产品其困难程度可想而知。

（2）目标产品含量低。目标产品在细胞破碎液或组织破碎液中的浓度很低，一般为毫克级每升，最大的也不过克级每升；而培养液中杂质含量却很高，如微生物细胞的破碎碎片、代谢产物、残留的培养基和超短纤维等，特别是基因工程菌多用于生产外源蛋白，发酵液中常常伴有大量性质相近的杂蛋白。因此，在生物工程下游处理中，我们一般首先要对目标成分进行富集和浓缩（粗分离），然后再进行分离（精分离）。

（3）目标产品稳定性差。一般来说，生物工程产品的分离和纯化不同于一般小分子化学物质的生产，目标产品的稳定性差，对热、酸、碱、有机试剂、酶以及机械剪切力等十分敏感，在不适当条件下很容易失活或分解。

（4）下游加工过程回收率不高，生产成本代价高。如用稀释法处理包涵体一般回收率不超过30%，如若再加上两步层析纯化过程（每步回收率按90%计算）生产，则目标产品的回收率仅为20%。因此，下游处理工艺的先进性和过程优化，就成了降低生产成本、提高经济效益的关键因素。

（5）进行上游技术操作时，应注意下游处理方面存在的困难，为下游处理创造必要的方便和条件。例如：

使目标产品在细胞内形成包涵体，细胞破碎后在低离心力条件下即可收集目标产品，且单次处理量增大；

将原来在细胞内表达的目标产品变为胞外产物或可以分泌到细胞周质中，可以使下游处理更为方便；

利用基因工程技术给目标蛋白接上若干 Tag（如 His），由于它们可以和某些特异性基团（如一些过渡元素金属离子）特意结合，从而达到迅速分离和富集的目的；

给一些蛋白分子接上若干个精氨酸残基，使其碱性增加，容易为阳离子吸附剂所吸附；

以融合蛋白的形式表达，可以较大限度地降低宿主细胞内酶对目标产品的降解，提高目标蛋白的表达量。

三、生物工程下游处理的一般程序

生物工程产品的分离和提取方法虽然与一般化学方法有许多不同特点，但在原理上它们又基本是一致的。一般地讲，生物工程上游是指构建成可稳定遗传的、高表达量的生产菌种的过程，主要是实验室的工作；而生物工程下游则包含着微生物细胞的培养和发酵、目标产品的分离和纯化以及半成品和成品的加工过程，是目标产品的生产过程。也有人将微生物细胞的发酵和培养过程以及菌体的收集和处理过程称为中游，但不管怎样，它们都是生物工程产品生产过程中不可缺少的重要环节，故在此将它们也一并加以讨论。图 1.1 是生物工程处理的一般过程。

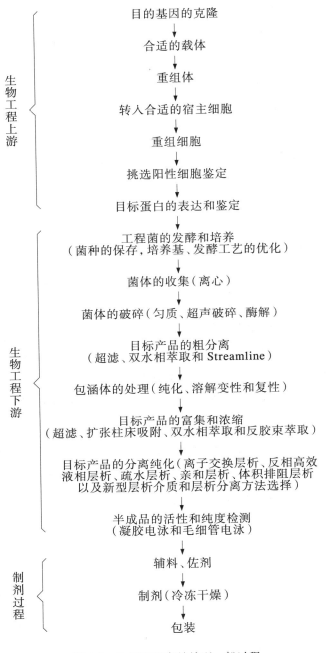

图 1.1　生物工程产品处理一般过程

第二章　菌种的发酵培养和破碎

　　本章主要包括四部分内容，即工程菌种的保藏和纯化、微生物细胞的发酵和培养、微生物细胞的收集以及微生物细胞的破碎和分离。

　　工程菌种的保藏和纯化一节主要介绍了生物工程菌种的保藏、菌种的衰退以及菌种的筛选和纯化等内容。

　　微生物细胞的发酵和培养一节主要介绍了培养基的主要成分、培养基中营养物质的调节以及发酵培养参数的控制和优化等内容。

　　微生物细胞的收集一节主要介绍了离心法的原理、离心机的主要参数、连续流离心机以及离心操作应注意的事项等内容。

　　微生物细胞的破碎和分离一节主要介绍了微生物细胞壁的组成和结构、几种主要的细胞破碎方式以及细胞破碎率的测定等内容。

第一节　工程菌种的保藏和纯化

　　工程菌种是指能够满足实际大规模生产特定目标产品的菌种。与一般概念的菌种相比较，生物工程菌种有两个最基本的要求，一个是所带遗传物质和性状能够稳定遗传，另一个是目标产品能够稳定、高效表达。因此，工程菌种的良好保藏和纯化是生物工程下游处理的前提和基础。

一、工程菌种的保藏

1. 保藏的目的

菌种保藏的目的在于使菌种基本处于休眠状态，处于无代谢或代谢水平较低的状态，使其无法繁殖。

2. 对菌种的要求

在一般工程菌种保藏过程中，对菌种有两方面的要求。

（1）典型菌种的优良纯种。所要保藏的工程菌种，其收获的培养时间应掌握在对数生长后期。因为对数生长期的细胞对冷冻干燥的抵抗力较弱，而稳定期初期细菌分裂的间隔时间开始延长，部分细胞停止分裂，培养物中细胞总数达最高水平，曲线上升逐渐缓慢。

（2）创造一个最有利于休眠的环境条件。

3. 影响菌种保藏的因素

影响菌种保藏的因素主要有以下几方面。

（1）水分：水分是对一切生化反应和一切生命活动至关重要的因素，采取干燥或深度干燥的方法，可有效降低水分含量。

常用干燥剂主要有：硅胶、无水氯化钙以及五氧化二磷。

高度真空：深度干燥＋驱氧。

（2）温度：微生物生长的温度低限约在−30 ℃，在水中能够进行酶促反应的温度低限则在−140 ℃左右。在有水分存在的情况下，即使把微生物保藏在较低温度下，仍难以较长时间保藏，因为即使细胞不生长了，但一些酶促反应仍在继续进行。

用较低的温度保藏工程菌种，一般效果更为理想。一般情况下，液氮（−195 ℃）保藏好于干冰或超低温冰箱（−70 ℃）保藏，超低温冰箱保藏好于一般家用冰箱（−20 ℃）保藏。

慢冻速升温原则：先在家用冰箱中冷冻然后再放到−70 ℃，从−70 ℃取出后直接放到 38~40 ℃水浴中 1~2 分钟融化。原因在于低温会使细胞内的水分形成冰晶，从而会引起细胞结构尤其是细胞膜的损伤，慢冻产生的冰晶小，同样体积的水分形成冰晶所占的体积较小，从而可以减少对细胞结构的损伤；而当温度从低温开始升高时，由于冰晶会逐渐从细小的冰晶转化成较大的冰晶，这样同样体积的水分所形成的冰晶所占的体积也就较大，从而可能增加对细胞结构的损伤，因此，采用快速升温的办法可以减少其对细胞的损伤。

当然，如果要以冻融方式进行破菌，则需按相反程序进行操作。

（3）氧气：氧气是好氧细菌代谢和生长的必需条件之一。

湿法菌种保藏可以采取的措施主要有：在工程菌种液上面覆盖一层无菌的液状石蜡，或在试管口用橡皮塞密封来隔绝空气中的氧气。

干法菌种保藏中可以用高度真空的办法来杜绝空气中的氧气。

（4）保护剂：工程菌种冷冻保藏时，保藏介质对细胞的损伤与否有显著影响。

10%的甘油或5%的二甲基亚砜（DMSO）可透入细胞，并通过降低强烈的脱水作用而保护细胞。

大分子的人血白蛋白、糊精或聚乙烯吡咯烷酮（PVP）虽不能透入细胞，但它们可能会通过和细胞膜表面结合的方式而防止细胞膜受冻伤。

（5）营养：在工程菌种的保藏过程中，保藏液中缺乏营养或无营养可以使细胞不能代谢和生长或很少代谢和生长。

收集对数生长后期的细胞，离心去掉培养液，可通过加入合适酸碱度（一般是中性）的低浓度缓冲液进行保藏。

4. 保藏方法

工程菌种的保藏主要有以下几种常用方法。

（1）斜面保藏法：将微生物在适宜的斜面培养基和温度条件下培养至生长良好后，放入 4~5 ℃冰箱中，用封口膜封住，贴标签。

斜面保藏法一般保藏期为 3~6 个月，到期后须重新传种再行保藏。

（2）穿刺保藏法：将 1%软琼脂装入小试管中 1~2 cm，121 ℃灭菌，凝固。用接种针将菌种穿刺接入培养基中约 1/2 处，经培养后，微生物在穿刺处和培养基表面均可生长，然后覆盖 2~3 cm 无菌液状石蜡，放入冰箱保藏。

穿刺保藏法一般保藏期为 6~12 个月。

（3）低温保藏法：在密封性能良好的螺口小管中加入 1~2 mL 菌液，旋紧螺口直接放入低温冰箱保藏即可。这种保存法一般以浓度较高的菌悬液为宜。

低温保藏法保藏期约为 1 年。

（4）液氮保藏法：将高浓度菌悬液加入灭菌的终浓度为 10%甘油或 5%二甲基亚砜（DMSO）中，每个安瓿管分装 0.2～1.0 mL 菌悬液，立即封口。检查是否破裂（不能有裂纹，以确保液氮不致渗入瓶中），以每分钟降低约 1 ℃的速度冷却到−25 ℃左右，再放入液氮罐中。

液氮保藏法保藏期一般为 2～3 年。

液氮保藏法液氮每周蒸发量大约为 1/10，要注意液氮的补充。

（5）真空冷冻干燥保藏法：在无菌条件下将少量保护基（马血清或马血清+7.5%葡萄糖）加入斜面，轻轻刮下菌落制成悬液，取 0.1～0.2 mL 加进已灭菌的安瓿管中，塞好棉塞，立即冷冻，温度达−15～30 ℃时，启动真空泵，在 15 分钟内使真空度达 66.661 Pa。当真空度上升到 13.33 Pa 以上时，升高温度至 20～30 ℃，干燥完成后，关闭真空泵，排气，取安瓿管，在多孔管道上抽真空并封口。置于 4～5 ℃保藏。

用真空冷冻干燥保藏法保藏菌种时，含水量在 1%～3%时保藏效果较好，5%～6%时保藏效果相应降低，含水达 10%以上，样品难以久藏。

真空冷冻干燥保藏法一般可保存 5～10 年。

对基因工程菌，一般质粒和宿主菌分别保藏，可在最大程度上保藏较长时间。

二、菌种的衰退

1. 菌种的衰退

在生物进化过程中，遗传变异是绝对的，它的稳定性则是相对的；而在生物进化的遗传变异中，退化性的变异是大量的，而进化性的变异却是个别的。

菌种的衰退（Degeneration）是发生在细胞群体中的一个从量变到质变的逐步演变过程。开始时，只有个别细胞发生质变，这时如不及时发现并采取有效措施，而只是一味地移种传代，则群体中这种质变个体的比例将逐步增大，若最后它们占了优势，就会使整个群体表现出严重的衰退。因此，在开始时所谓"纯"的菌株，实际上其中已经包含了一定程度的不纯的因素。同样道理，到了后来，虽然整个菌种已经衰退了，但它们也不是绝对不纯的，其中必然有少数尚未衰退的个体存在。因此，发现和纯化菌株就显得尤为重要。

2. 防止衰退的方法

为了有效防止菌种的衰退，可以采取如下两种方法。

（1）控制传代次数。一般地讲，物种的自发突变率在 $10^{-9} \sim 10^{-8}$ 之间，传代次数越多，产生突变的概率也就越高。因此，菌种保藏时应尽量避免不必要的接种和传代，将必要的传代降低到最低限度，以减少发生突变的概率。

（2）采用有效的菌种保藏方法。采用良好的菌种保藏方法，就可以大大减少不必要的接种和传代次数。

一般来说，基因工程菌种要求 50 代以上传代稳定。基因工程中常见丢掉质粒的菌种，表现为表达性状丢失。

三、菌种的筛选和纯化

菌种的筛选就是在菌种已发生衰退后，通过纯化分离和性能测定等方法，从衰退的群体中找出少数尚未衰退的个体，以达到恢复该菌种原有典型性状的一种措施。在实际工作中，在菌种的生产性能尚未衰退前就有意识地进行纯化、分离和生产性能的测定，以期菌种的生产性能得到逐步提高。

通过纯种的分离，可以把已经退化菌种细胞群体中的一部分仍保持原有典型性状的单细胞分离出来，再经过扩大培养就可以恢复原菌株的典型性状。一般地讲，菌种的纯度可以分为菌落纯和菌株纯两类：

（1）菌落纯：菌落纯即从种的水平来说是纯的。在琼脂平板上进行划线分离、表面涂布都可以获得菌落纯。

（2）菌株纯（细胞纯）：菌株纯是一种用显微操纵器挑取单细胞的菌种的分离方法。这种方法是一种较精细的单细胞分离方法，它是从待分离的材料中挑取一个单细胞来培养，从而获得纯菌落的方法。将显微镜挑取器装置在显微镜上，把一滴细菌悬液置于载玻片上，用安装在显微镜挑取器上的极细的毛细吸管，在显微镜下对准某一个单独的细胞挑取，再接种于培养基上培养即可。

对于基因工程菌种，常用选择压力选种的方法进行纯化。

第二节　微生物细胞的发酵和培养

微生物细胞的发酵和培养是指在适宜条件下，利用微生物将原料经过特定代谢途径转化为人类所需要的产物的过程。微生物细胞的发酵和培养在医药工业、食品工业、能源工业、化学工业、农业和环境保护等方面有着重要应用。微生物发酵的生产水平既取决于菌种本身的遗传特性，也与发酵、培养条件密切相关。培养基是工程菌种发酵和培养的基础，而发酵和培养的工艺过程和参数的优化是获得高产目标产物的关键。

一、培养基

1. 培养基的主要成分

一般地讲，用于微生物发酵和培养的培养基中的主要成分应当包括碳源、氮源、无机盐和微量元素以及水等成分。

1) 碳源

碳源是组成培养基的主要成分之一，它在微生物细胞中占细胞干物质重量的 50% 左右。

碳源的主要作用表现在两个方面，一方面它可以为细胞的分裂、生长和繁殖提供能量，另一方面它也是组成菌体细胞碳架（蛋白质、糖类、脂类、核酸等）的主要成分。在实验室和中试规模的微生物发酵中常用的碳源主要有葡萄糖、蔗糖和甘油等。

（1）葡萄糖：葡萄糖是所有碳源中最容易被利用的单糖，在几乎所有微生物的发酵中都可以被利用。在培养基中存在过多葡萄糖或发酵罐中通气不足的情况下，它的不完全氧化中间产物，如丙酮酸、乳酸和乙酸等，会导致培养基 pH 值下降，影响微生物的生长和产物的合成。

（2）蔗糖：蔗糖是双糖，多用其纯品或糖蜜。糖蜜是生产甘蔗糖的结晶母液，是蔗糖生产的副产物，含糖可达 50%~75%，含有丰富的糖、氮素、无机盐和维生素等。

（3）甘油：许多微生物对各种有机酸（如乳酸、醋酸等）有很强的氧化能力，因此有机酸或它们对应的醇也可作为碳源。

2）氮源

氮源主要用于作为合成细胞物质中含氮物质的原料，如氨基酸、蛋白质、核酸等，可分为有机氮源和无机氮源。

（1）有机氮源：常用的有机氮源有蛋白胨、酵母粉等，它们除含有丰富的蛋白质、多肽和游离氨基酸外，还含有糖、脂肪、无机盐、维生素以及一些生长因子。微生物在含有机氮源的培养基中表现出生长旺盛、菌体浓度生长迅速的特点。

①蛋白胨：蛋白胨可用各种动物组织或植物组织水解制备。由于各种蛋白胨的加工方法不同，所含氨基酸的种类和含量有时可能会存在较大的差异。实验室和中试中常用的两种蛋白胨中各主要成分含量如下：

Peptone 蛋白胨：总氮 12.5%、氨基氮 3%、水 6%、灰粉 12%。

Tryptone 胰蛋白胨：总氮 12.5%、氨基氮 2.5%～4%、水 5%、灰粉 15%。

②酵母粉：酵母粉由啤酒酵母或面包酵母制得，其质量和含量与酵母的品种有关。实验室和中试中常用的酵母粉的主要成分含量为：总氮 9.8%（w/w）、氨基氮 5.0%、氯化钠 0.3%。

（2）无机氮源：常见的无机氮源主要有氨水、铵盐、硝酸盐等，一般作为辅助氮源。常见无机氮源的吸收利用速度次序是：

氨水 > 硫酸铵 > 硝酸盐（K^+，Na^+）

因为硝酸盐中的氮必须先被还原成氨基氮后方可利用，因此，硝酸盐中的氮比氨基氮一般较难被微生物所利用。

3）无机盐和微量元素

P、S、Mg、Fe、K、Na、Pb、Cl、Zn、Co、Mn 等无机盐和微量元素作为酶的激活剂、组成生理活性物质和生理活性作用的调节剂，它们一般在较低浓度时对微生物细胞的生长和产物合成具有促进作用；而当它们在培养基中的含量较高时，则对微生物细胞的生长和产物合成常常表现出显著抑制作用。通常情况下，它们在各种培养基原料中已有足够含量，无须再特别加入。

（1）P：P 是所有微生物生长所必需的。细胞中许多化学成分如核酸、蛋白质等都含有磷；高能磷酸键在能量的贮存和传递过程中具有重要作用；磷酸盐作为重要的缓冲剂，对维持培养液的 pH 值起着重要的作用。

（2）S：S 是许多含硫氨基酸的组成成分，如胱氨酸、半胱氨酸、甲硫氨酸等。常用的无机含硫盐主要有 Na_2SO_4 等。

（3）Fe：Fe 是微生物有氧氧化必不可少的元素，是细胞色素、细胞色素氧化酶、过氧化物氧化酶等的组成成分。在常用的碳钢发酵罐中，不加任何含 Fe 化合物时培养液中 Fe^{2+} 浓度已达 70 μg/mL，再加上天然培养基原料中的 Fe，一般情况下不需特别加入。

（4）Mg、Zn、Co、Mn、Cu 等：这些是某些酶的辅基或激活剂。

（5）K、Na、Ca 等：这些虽不是细胞的组成成分，但仍是微生物发酵所必需的成分，它们都与维持细胞一定的渗透压和细胞膜透性有关，并且还是许多酶的激活剂。

4）水

水占细胞重量的 90% 以上，是一切化学反应和营养物质传递的介质。

在微生物的发酵过程中，水的质量对微生物的生长繁殖和产物合成极为重要，水的硬度太大往往会引起某些营养成分和无机盐的沉淀。

2. 营养物质的调节

在微生物的发酵过程中，必须严格掌握各种营养物质的浓度和比例，它们直接影响着菌体的繁殖和产物的积累。

1）不同碳源和氮源的利用

不同菌种能够利用的碳源和氮源往往是不同的，即使同一种菌种，它们对不同碳源和氮源的利用速度也是不同的。无机碳源、氮源一般比有机碳源、氮源更利于利用，简单物质比复杂物质更好利用，如单糖的利用速度一般比双糖的要快（如葡萄糖的利用速度比乳糖要快），某些无机氮源（像铵盐）比硝基氮更容易利用。因此，在微生物的发酵过程中，碳源和氮源的应用要综合考虑，在微生物的生长阶段，应考虑多用速效原料，而在产物的合成阶段，要使速效和长效原料按比例搭配。

例如，某工程菌种利用葡萄糖的速度比乳糖快，用前者发酵 5~6 小时后即可达到菌体密度，产物在 6 小时后达到顶点，而若用后者，发酵 10 小时才可达到菌体密度，产物在 11 小时达到顶点。表面上看葡萄糖利用快，菌体生长快，可以提前积累产物，其实不然。这是因为葡萄糖的迅速利用，首先会产生大量的有机酸，使溶液 pH 值不能下降，而过低的 pH 值不利于产物的产生，使目标产品收率过低，而且碳源的迅速消耗也会引起菌体的过早自溶。

2）氮源利用和碳源利用的关系

在微生物的发酵过程中，氮源的利用速度和碳源的利用速度并不是各自独立、毫无关系的。实际上，在很多发酵体系中，氮源的利用速度和碳源的利用速度是相关的，各种糖的代谢速度不同，氨及铵盐的利用速度也会随之不同。这是因为糖代谢的许多中间产物都是氨基酸合成的前体物，糖代谢快则中间产物积累就多，氨基酸合成的前体多，氨基酸合成的速度也就会加快，消耗氮源的速度也就随之加快。例如，葡萄糖利用速度较快，氨的利用速度也随之加快，而乳糖的代谢慢，氨的利用也就慢。

3）碳氮比例的调节

一般地讲，细菌中的 C/N 为 100∶30，酵母菌中的 C/N 为 100∶25。因为在微生物的发酵过程中，碳源既要构成细胞成分的碳架，又要为体系提供能量，所以其用量也一般要比上述比例大许多。在发酵培养基中，碳氮比例一般为 100∶（0.2~2.0）。

因为发酵产物是产生菌在代谢过程中产生的，产物量在一定条件下与细胞量成正比，所以为了积累产物，必须首先大量繁殖细胞。在生产上，一般多采用控制碳氮比例的方法来满足菌体的大量繁殖以及产物的大量形成。

4）补料

目前生产上多采用丰富培养基来提高产量，但是丰富的碳源、氮源会使菌体大量繁殖，营养物质都消耗在菌体生长上，到了产物合成阶段，一则由于营养消耗，二则由于菌体过早衰老、自溶，反而会使产量降低，并且基础料浓度过高，会使料液黏度增大，消沫困难，溶解氧能力下降，渗透压过高，不利于细胞的生长。

采用补料的方法就可以避免菌体的过早衰老和自溶，使细胞产物合成的旺盛期得以延长。一般可采用在体系中加碳源、氮源和其他物质的方法，其关键在于补料的配比（碳氮比例以及速效/迟效比例）和控制补料的时间（菌体密度下降时耗氧能力下降，料液中氧含量上升）和速度（保持菌体密度不下降），其目的是不使菌体生长繁殖过快，仅仅维持其呼吸，即处于半饥饿状态，但是仍能合成产物。

3. 培养基类型

用于微生物发酵的培养基一般分为种子培养基和发酵培养基。

1）种子培养基

一般有两级种子培养基，第一级为试管种子培养基，第二级为摇瓶种子培养基，其主要目的是供菌体复苏和繁殖，而不是让细胞合成产物。

对种子培养基的一般要求是：

（1）丰富、完全，并要考虑能够维持稳定的 pH 值；

（2）应提供速效碳源，如葡萄糖等；

（3）应提供有机氮源，如酵母膏、蛋白胨等，以及一些易于利用的氮源，如无机氮源 $(NH_4)_2SO_4$ 等；

（4）磷酸盐的浓度可以适当提高。

当实际应用时，二级种子培养基（摇瓶种子培养基）的成分应该较接近发酵培养基的成分，以使种子进入发酵培养基后能迅速适应发酵环境，快速生长。

2）发酵培养基

发酵培养基一般既要有利于菌体的生长繁殖，防止菌体过早衰老，又要有利于产物的大量合成。

对发酵培养基的一般要求是：

（1）组成应丰富、完全，加缓冲剂以稳定培养液的 pH 值；

（2）碳源、氮源要注意速效和迟效的相互搭配，少用速效营养，多加迟效营养，还要考虑适当的碳氮比；

（3）加入一些菌体生长和产物合成所需的微量元素和无机盐；

（4）若生长和合成所需的最佳条件不同，则可以考虑用补料的方式来分段满足。

例：高密度培养大肠杆菌生产 rh-IL-3

1. 接种（一级种子）

LB 培养基（g/L）：蛋白胨 10；酵母粉 5；氯化钠 5。

接种 1%，LB 试管中 30℃过夜（不超过 16 小时）。

2. 摇瓶培养（二级种子）

Z-YT 培养基（g/L）：蛋白胨 16；酵母粉 10；氯化钠 5。

一级种子以 4% 接种，30 ℃、6 小时，自然 pH 值。

3. 15 升发酵罐

半合成发酵培养基（g/L）：多聚蛋白胨 5；酵母膏 5；KH_2PO_4 2；K_2HPO_4 4；$Na_2HPO_4 \cdot 12H_2O$ 7；$(NH_4)_2SO_4$ 1.2；NH_4Cl 0.2；微量元素溶液（Mn^{2+}，Co^{2+}，Zn^{2+}，Cu^{2+}，Fe^{2+}，Ca^{2+}，Mg^{2+}，$Na_2MoO_4 \cdot 2H_2O$，H_3BO_4）。

二级种子以 4% 接种，30 ℃ 菌种生长，42 ℃ 诱导表达。

4. 补料

补料基质（g/L）：甘油 170；蛋白胨 71；酵母粉 71；$MgSO_4 \cdot 7H_2O$ 5.7。

除摇瓶培养一级种子外，以上其余培养基和补料基质的 pH 值均为 7.0。

4. 培养基灭菌

一般用蒸汽灭菌（湿热灭菌），121 ℃、1×10^5 Pa、20～30 分钟即可。

由于饱和蒸汽有很强的穿透力，而且在冷凝时放出大量潜热，很容易使蛋白质凝固而杀灭各种微生物。

将饱和蒸汽透入培养基中灭菌时，因为冷凝水会使培养基的浓度迅速下降，所以在比较精密的实验中，一般配制培养基时应扣除冷凝水的体积，以保证培养基在灭菌后保持应有的浓度。

一般常用的灭菌方法及其比较见表 2.1。

表 2.1　常用灭菌方法及其应用

方法	原理	应用	备注
紫外线	波长 2 100～3 100 Å 紫外线，常用 2 537 Å	空气消毒，表面消毒	穿透力低
干热灭菌	160 ℃，1 小时。微生物氧化作用而死亡	要求保持干燥的培养皿，接种量大（牙签、吸管等）	不如湿热灭菌有效
湿热灭菌	121 ℃，1 atm，20～70 分钟。微生物蛋白质凝固而死亡	培养基、表皿、枪头	最有效
过滤	过滤阻留微生物	制备无菌空气、澄清液体的除菌等	只适用于澄清液体
化学灭菌	化学药剂与微生物发生反应而杀菌。常用甲醛、次氯酸钠、高锰酸钾、环氧乙烷、季铵盐（新洁尔灭）、75% 酒精等	器皿、用具	一般不用于培养基灭菌

二、发酵参数的控制

1. 温度

1）温度对微生物细胞生长的影响

细胞的生长代谢和繁殖是一种酶促反应，温度升高，反应速度加快，细胞的生长繁殖就会加快。与此同时，随着温度的升高，一方面酶失活的速度也会加快，菌体衰老提前，对发酵生产会产生不利的影响；另一方面，氧气在溶液中的溶解度也会降低，其传质速率也会发生改变。

2）发酵过程中最适温度的选择和控制

发酵过程中最适温度的选择应同时考虑微生物生长的最适温度和产物合成的最适温度两个方面。

一般在发酵初期，产物合成还未开始，菌体浓度很低，此时应以促进菌体迅速生长繁殖为目的，应选择最适于菌体生长的温度；而当菌体浓度达到一定密度时，到了产物合成阶段，此时产物合成成了主要方向，就应满足生物合成的最适温度。

2. pH 值

发酵液 pH 值对菌体的生长繁殖和产物积累影响很大，是发酵过程中重点检测的参数。

1）影响发酵过程 pH 值的因素

在发酵过程中，溶液 pH 值变化的根源在于培养基的成分和微生物的代谢特性。

（1）培养基成分：培养基中含有生理碱性物质和生理酸性物质，它们的代谢特性和代谢产物是不同的。

生理碱性物质：被微生物利用后，可使溶液 pH 值上升。如一些有机氮源、硝酸盐、有机酸（酸被消耗）等。

$$R-\underset{\underset{NH_2}{|}}{CH}-COOH \ +[O] \xrightarrow{\text{氨基酸氧化酶}} NH_3 + R-\underset{\underset{O}{\|}}{C}-COOH$$

$$NaNO_3 +[H] \longrightarrow NH_3 +2H_2O +NaOH$$

生理酸性物质：糖类氧化不完全时产生的有机酸、脂肪不完全氧化时产生的脂肪酸等，都会使溶液的 pH 下降。

（2）代谢特性：微生物在代谢过程中改变培养基 pH 值的能力是十分惊人的。例如，对于某种工程菌种，在起始 pH 值分别为 5.0、6.0 和 7.0 的发酵液中，经过若干小时后，它们的 pH 值一般均会在 6.5～7.0 之间，这是由菌种的代谢特性所决定的。

2）pH 值的调节

任何微生物细胞在进入生产之前，都必须对其进行生长和产物形成时的 pH 值的研究实验。对有些菌种，菌体生长和产物形成的 pH 值范围是相同的；但对有些菌种，菌体生长和产物形成的 pH 值范围却很可能不同。

在实际生产中，调节溶液的 pH 值并不是仅用酸碱来中和，这是因为尽管它们可以迅速中和培养基中当时存在的过量酸碱，但却不能阻止代谢过程中连续不断发生的酸碱变化。因此，调节 pH 值的根本措施应主要考虑培养基中生理酸碱性物质的配比，然后可以通过中间补料进一步加以控制。

常用生理酸性物质 $(NH_4)_2SO_4$ 和生理碱性物质 $NH_3 \cdot H_2O$ 来控制溶液的 pH 值，它们不仅可以调节溶液的 pH 值，还可以补充氮源。当溶液 pH 值和氨氮含量均较低时，一般补 $NH_3 \cdot H_2O$；当溶液 pH 值较高而氨氮含量较低时，一般补 $(NH_4)_2SO_4$。

此外也常用补糖的方法来调节溶液的 pH 值，通过控制它们的浓度和补加速度即可控制溶液的 pH 值。

3. O_2 对发酵的影响

在好氧深层培养中，氧气的供应往往是发酵能否成功的重要限制因素之一。随着高产菌株的应用和丰富培养基的采用，对氧气的要求也更高。

1）O_2 的溶解特性和利用度

氧是一种难溶于水的气体，在 25 ℃，1 atm 下纯氧在纯水中的溶解度约为 1.26 mmol/L，这样可以推算出空气中的氧在纯水中的溶解度约为 0.265 mmol/L，同时由于培养基中含有大量的无机物质和有机物质，氧的溶解度会更低。一般情况下即使培养基被空气饱和，在发酵旺盛期也仅能维持正常呼吸 15～30 秒，因此要维持适当的通气条件。

生物氧化中氧的利用率一般多低于 2%，通常情况下常低于 1%。

微生物的耗氧速度（呼吸强度，Q_{O_2}）用单位质量的细胞干重在单位时间内消耗氧的量来表示。当氧是限制性基质时，呼吸强度可以表达成：

$$Q_{O_2} = (Q_{O_2})_m \cdot \frac{C_L}{K_O + C_L} \tag{1}$$

式（1）中：

$(Q_{O_2})_m$——菌种的最大呼吸强度；

K_O——氧的米氏常数；

C_L——发酵液中溶解氧的浓度。

在实际发酵过程中，发酵液中溶解氧的浓度对微生物呼吸强度影响的典型图谱见图 2.1。

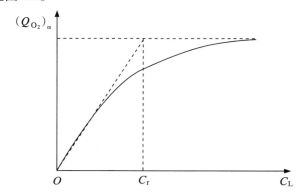

图 2.1　发酵液中溶解氧的浓度对微生物呼吸强度的影响

在图 2.1 中，当发酵液中溶解氧的浓度高于临界值时，微生物的呼吸强度保持恒定并且与发酵液中溶解氧的浓度无关；当溶解氧的浓度低于临界值时，微生物的呼吸强度随着发酵液中溶解氧的浓度增加而提高，随着溶解氧的浓度降低而降低，这时细胞的代谢活动会因溶解氧的浓度限制而受到影响。

微生物利用氧的临界氧浓度是饱和浓度的 $1\% \sim 25\%$，一般使用临界 C_r 之下的浓度。大肠杆菌和酵母菌在不同温度下典型的呼吸强度如下：

大肠杆菌：37.8 ℃，8.2×10^{-3}

　　　　　15 ℃，3.1×10^{-3}

酵母菌：34.8 ℃，4.6×10^{-3}

　　　　20 ℃，3.7×10^{-3}

2）通氧量的调节

在工程菌种的发酵和培养过程中，发酵液中的氧含量可以通过搅拌和通气来调节。

（1）搅拌：在菌体的发酵培养过程中，搅拌可以从多个方面改善通气效率，主要表现在以下几方面。

①将通入空气打散成细小的气泡，增大气液相的有效接触面积；

②使液体形成涡流，延长气泡在液体中的停留时间；

③增加液体湍动，减少气泡外滞流液膜厚度，减小传递阻力；

④使培养液中成分分布均匀，有利于营养物质的吸收和代谢物的及时分散。

（2）通气：在通气培养中，空气除了为微生物提供氧外，还能带走发酵产生的废气。当输入功率一定时，表观空气速度（$\lg W_g$）与氧的传递系数（$\lg(K_L \cdot a)$）的关系见图2.2。

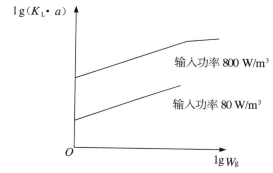

图 2.2 表观空气速度（$\lg W_g$）对氧传递系数 [$\lg(K_L \cdot a)$] 的影响

由图2.2可以看出，尽管 $\lg(K_L \cdot a)$ 随空气流量的增加而增加，但并非没有限度。如果超过某一限度，搅拌器就不能有效地将气泡分散到液体中去，而在大量空气泡中空转，发生过载。

（3）搅拌和通气对传递系数的影响：搅拌和通气对传递系数的综合影响可以用下面的公式来表示：

$$K_L \cdot a = K \cdot \left(\frac{P_G}{V} \right)^a \cdot W_g^b \qquad (2)$$

式（2）中：

P_G——输入体系的搅拌功率；

V——发酵罐中培养液的实际体积；

W_g——通气体系的空气表观线速度；

a，b——与搅拌器类型有关的参数；

K——比例常数。

由于在一般体系中参数 a 大于 b，因此增大输入体系的搅拌功率对增加

$K_L \cdot a$ 的效果会更加明显，通气体系的空气表观线速度改变对其影响则一般较小。然而，输入体系的搅拌功率也并非越大越好，过激的搅拌会产生很大的剪切力，可能会损伤细胞，同时会产生大量的搅拌热，增加传热负担。

一些典型的搅拌器的 a 和 b 见表2.2。

表 2.2   一些典型的搅拌器的 a 和 b

搅拌器	a	b
六平叶涡轮	0.933	0.488
六弯叶涡轮	1.000	0.713
六箭叶涡轮	0.755	0.578

4. CO_2 对发酵的影响

CO_2 是微生物的代谢产物，也是某些合成代谢的一种基质。CO_2 是细胞代谢的重要指标。

1）CO_2 对发酵的作用

CO_2 通常对菌体生长具有抑制作用，当排气中 CO_2 浓度高于4%时，微生物的糖代谢和呼吸速率就会下降；当罐内 CO_2 浓度增大时，若通气搅拌不改变，CO_2 不易排出，就会在罐底形成碳酸，使溶液 pH 值下降，进而影响到微生物细胞的呼吸和产物合成，或有可能与微生物生长所必需的金属离子形成碳酸盐沉淀。

2）CO_2 浓度的控制

CO_2 在罐内的浓度变化不像溶解氧那样有一定规律。CO_2 浓度大小受很多因素的影响，如通气搅拌程度、罐压大小、补料控制等。

提高通气量和搅拌速率，在调节溶解氧的同时，还可以调节 CO_2 浓度。通常使溶解氧保持在临界值附近，CO_2 可随废气排出，可以使其维持在引起抑制作用的浓度之下。

CO_2 的溶解度比 O_2 大，所以随着罐压的增大，其在发酵液中的含量会比氧气增大得更快。增加搅拌和通气量可适当降低罐压。

CO_2 的产生与补料控制也有关系。补糖可增加排气中的 CO_2 浓度，并降低发酵液的 pH 值。

5. 泡沫

通气，搅拌，微生物细胞生长代谢和呼吸所排出的 NH_3 和 CO_2 等气体，以及培养基中很多能够降低液体表面张力从而稳定气泡的成分等，都会引起发酵液中的泡沫形成。

1）泡沫的危害

在微生物细胞的发酵培养过程中，泡沫对发酵培养过程的危害是多方面的，其主要表现有：

（1）为防止"逃液"，大多数罐的装料系数为 0.6～0.7，使有效体积降低；

（2）泡沫升至罐顶，有可能顶至轴封或逃液，增加了杂菌的感染机会；

（3）泡沫中的代谢气体不容易被带走，妨碍了菌体的呼吸，造成代谢异常，导致菌体提前自溶，而菌体的自溶会进一步促使更多泡沫形成。

2）泡沫的抑制和消除

消泡剂一般是表面活性物质，当泡沫的表面存在极性表面活性剂物质形成的双电层时，一种极性相反的表面活性物质的加入就可中和其电性，破坏泡沫的稳定性，使泡沫破碎。一般来说，常用的消泡剂有油脂和泡敌等。

油脂：油脂分子中无亲水性集团，在介质中难以铺展，消泡能力较差，用量达 4%。

泡敌：由聚氧丙烯甘油（GP）和聚氧乙烯氧丙烯（GPE）按一定比例配成，用量为 0.03%～0.035%，消泡能力是植物油的 10 倍以上。

$$CH_2\!-\!O\!-\!(C_3H_6O)_m H$$
$$CH\!-\!O\!-\!(C_3H_6O)_m H$$
$$CH_2\!-\!O\!-\!(C_3H_6O)_m H$$
聚氧丙烯甘油

$$CH_2\!-\!O\!-\!(C_3H_6O)_m\!-\!(C_2H_4O)_m\!-\!H$$
$$CH\!-\!O\!-\!(C_3H_6O)_m\!-\!(C_2H_4O)_m\!-\!H$$
$$CH_2\!-\!O\!-\!(C_3H_6O)_m\!-\!(C_2H_4O)_m\!-\!H$$
聚氧乙烯氧丙烯

聚氧丙烯甘油亲水性较差，分散系数小，在发泡介质中溶解度小，其抑泡性能比消泡性能好，适宜于在配制培养基时加入，能够在整个发酵速度中抑制泡沫的产生。

聚氧乙烯氧丙烯亲水性较好，在发泡介质中容易铺展，作用迅速且消泡能力强，但其溶解度相对较大，消泡活性维持时间较短，所以在黏稠发酵液中效果较好。

在一般发酵体系中，聚氧丙烯甘油和聚氧乙烯氧丙烯按 1:1 混合使用。

第三节 微生物细胞的收集

一般来说，在大规模工业化生产中，微生物细胞的收集常用板框过滤法进行。由于基因工程行业发展水平和规模限制，目前基因工程微生物细胞的收集仍多采用离心法收集。本节就对离心的原理、离心机的主要参数以及连续流离心机加以介绍，并对离心操作过程中应注意的一些问题进行说明。

一、离心法原理

1. 固体颗粒在重力场中的运动

在重力场中，当固体颗粒在无限连续流体中沉降时，其受到浮力和黏滞力两种力的作用，当两种力达到平衡时，固体颗粒进行匀速沉降。图2.3给出了球形固体颗粒在无限流体中的受力情况。

球形固体颗粒：半径 r，密度 ρ_s，体积 V。

与此相对应，同样大小和形状的液体：半径 r，密度 ρ，体积 V。

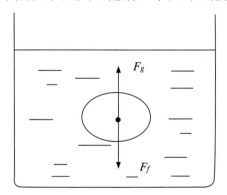

图 2.3   无限连续液体中固体颗粒的受力情况

当固体颗粒在无限连续流体中运动时，则有：

固体颗粒所受重力：$\rho_s V g$；

与固体颗粒对应液体所受重力：$\rho V g$。

如果：$\rho_s > \rho$，则球形固体颗粒下沉；

$\rho_s < \rho$，则球形固体颗粒上升；

$\rho_s = \rho$，则球形固体颗粒静止或做匀速运动。

在无限连续流体中，当固体颗粒向上运动时，它本身所受到的浮力 F_g 可以表达成：

$$F_g = \rho V g - \rho_s V g = \frac{4}{3}\pi r^3 (\rho - \rho_s)g \qquad (3)$$

而固体颗粒所受到的黏滞力 F_f 可以用 Stokes 定律来描述：

$$F_f = 6\pi r v \eta \quad （球体） \qquad (4a)$$

或

$$F_f = 4\pi r v \eta \quad （棒状） \qquad (4b)$$

式（4）中，v 表示固体颗粒的运动速度，η 表示介质的黏度。

当固体颗粒所受到的浮力 F_g 和所受到的黏滞力 F_f 达到平衡时，$F_g = F_f$，固体颗粒进行匀速沉降：

$$\frac{4}{3}\pi r^3 (\rho - \rho_s) g = 6\pi r v \eta \qquad (5a)$$

或

$$v = \frac{2}{9\eta} r^2 (\rho - \rho_s) g \qquad (5b)$$

2. 固体颗粒在离心场中的运动

在离心场中，将重力场中的重力加速度 g 换成离心场中的离心加速度 $\omega^2 r_0$，则有：

$$v = \frac{2}{9\eta} r^2 (\rho - \rho_s) \cdot \omega^2 r_0 \qquad (6)$$

式（6）中，ω 表示离心角速度，r_0 表示离心半径。

从式（6）可以看出：

（1）固体颗粒在离心场中的运动速度正比于 r^2 和 $\rho - \rho_s$，而反比于 η，而这几个参数都是由体系本身的性质所决定的；

（2）固体颗粒在离心场中的运动速度正比于 $\omega^2 r_0$，而 $\omega^2 r_0$ 是可操作参数，通过改变参数 r_0 和 ω，就可使固体颗粒获得不同的运动速度，从而达到分离的目的；

（3）参数 r 和 ω 与速度 v 都是平方关系，它们的稍微变化都会引起固体颗粒运动速度的较大变化。

二、离心机和离心过程

1. 离心机转子

目前，不论是在实验室，还是在实际生产过程中，离心机所使用的主要是定角转子。图 2.4 是定角转子的示意图：

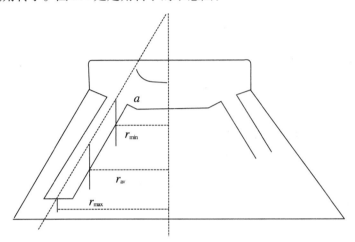

图 2.4　离心机定角转子示意图

对于一个给定的定角转子，衡量性能的参数主要包括以下参数。

（1）最大转数：定角转子每分钟的最大转数；

（2）临界速度：定角转子还具有最低分离能力时的转数；

（3）负荷容量：定角转子单次能够处理溶液的能力；

（4）径向距离：定角转子的三个径向距离包括 r_{min}、r_{av} 和 r_{max}，是衡量离心机离心能力的重要参数。

如 BECHMAN Avanti J 系列的 JA-10 转子的主要参数是：

最大转数：10 000。

临界转数：600～800。

离心负荷：8×50 mL。

最大转速时的离心力：r_{max} (158 mm)，17 700；

$\qquad\qquad\qquad\qquad r_{min}$ (38 mm)，4 260；

$\qquad\qquad\qquad\qquad r_{av}$ (98 mm)，11 000。

2. 相对离心力

离心机转子的分离能力一般用相对离心力（Relative Centrifugal Field，

RCF）或离心分离因数 F_r 表示，它的定义为：

$$F_r = \frac{\omega^2 r_0}{g} \tag{7}$$

离心分离因数 F_r 表示离心机所能产生的离心加速度与重力加速度之比，是一个衡量离心机离心能力的重要参数。一般地讲，离心机的离心分离因数越大，其所能提供的分离能力也越大。根据离心分离因数的不同，可将离心机分成如下几类：

$F_r < 3\,000$：常速离心机；

$F_r \in 3\,000 \sim 50\,000$：中速离心机；

$F_r \in 50\,000 \sim 200\,000$：高速离心机；

$F_r \in 200\,000 \sim 1\,000\,000$：超速离心机。

要注意的是，在应用离心机时一般常用离心机的转数（Rotor Per Minute，RPM）来表示。它与离心机的离心分离因数可以进行换算。

ω 表示离心机转动时的角速度，单位为弧度/分，当离心机的转数为 RPM 时，换算成每秒的弧度为 $2\pi RPM/60$（$=0.105RPM$），将它带入上面的公式可得：

$$F_r = 1.12 \times r_0 \cdot \left(\frac{RPM}{1\,000}\right)^2 \tag{8}$$

这样，知道了离心机的 r_0，就可通过上式将 RPM 和 F_r 进行换算。

同时，由上式可以看出，在同一离心机转子上，离心管上各处，如 r_{min}、r_{av} 和 r_{max} 处的离心力是各不相同的。一般地讲，文献中所报道的离心力是指离心管装满时 r_{av} 处的离心力。

3. k 因子

k 因子是衡量离心机转子沉淀效率的一个因子，利用它可以估算某一样品在某一转子上的离心时间。k 因子的计算公式为：

$$K = \frac{\ln(r_{max}/r_{min})}{\omega^2} \times \frac{10^3}{3\,600} \tag{9a}$$

将径向角速度 ω（$0.105RPM$）代入上式可得：

$$K = \frac{2.533 \times 10^{11} \times \ln(r_{max}/r_{min})}{RPM^2} \tag{9b}$$

由 k 因子即可求得某一样品的离心时间 t（小时）：

$$t = \frac{k}{s} \tag{10}$$

式（10）中，s 表示沉降颗粒的沉降系数。

　　由上二式可知，知道了离心管的 r_{min} 和 r_{max} 以及离心机的转数，就可获得离心机的 k 因子，进而获得某一样品的离心时间。

　　例如，对于 BECHMAN Avanti J 系列的 JA-10 转子，当装满 500 mL 溶液，在最大速度（10 000 r/min）时 $k=3\,610$；但当装半管溶液，在最大速度时 $k=1\,210$，若离心样品是 *E.coli*（$s=3\,600$ s）细胞溶液，则有

满管时：

$$t=\frac{3\,610}{3\,600}\approx 1\,（小时）\tag{11a}$$

半管时：

$$t=\frac{1\,210}{3\,600}\approx 0.3\,（小时）\approx 20\,（分钟）\tag{11b}$$

4. 折合速度

　　在一般离心过程中，假定被离心溶液的密度为 1.2 g/mL，离心机转子的最大转速也是基于这一点而制定的。如果被离心溶液的密度偏离 1.2 g/mL 较大时，离心机转子就不能在设定的最大转速下运行，而必须使用折合最大速度（Reduced Maximum Speed，RMS）。折合最大速度和最大速度可用下式进行换算：

$$RMS=RPM\times\sqrt{\frac{1.2}{\rho}}\tag{12}$$

　　其中，1.2 表示一般溶液的密度（g/mL），而参数 ρ 表示要离心溶液的密度。

三、连续流离心机

　　连续流离心机转子的工作原理见图 2.5。不同于一般转子的批式离心过程，连续流转子能够一边进样一边离心，在连续进样的同时完成了样品的离心过程，这样就可能通过一次连续流离心完成原来需要多次批式离心所处理的样品，具有处理量大、处理效率高的优点，特别适合于规模化生产。

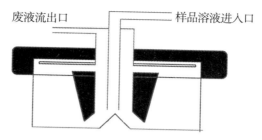

废液流出口　　　样品溶液进入口

图 2.5　连续流转子工作示意图

四、离心操作应注意的事项

样品离心的实际操作中应特别注意以下几个问题。

（1）温度：对蛋白质等对温度敏感的活性物质，在它们的高速离心时可以采取如下措施降温。

①制冷机降温：一般离心机显示的温度与离心机转子的实际温度可能有差别，离心前必须首先将转子放在冰箱中预冷，然后放入离心机中进行离心操作。

②抽真空：以减少离心机转子由于高速运转时与空气之间摩擦而产生的大量热量。

（2）注意离心机转子的各种操作参数，如转子的最大转数、样品的密度等。

（3）防止振动和不平衡。

（4）注意离心机的启动电流。

第四节　微生物细胞的破碎和分离

一般来讲，微生物细胞的破碎和分离就是使微生物的细胞壁或细胞膜受到不同程度的破坏或破碎，增大细胞膜的通透性而使胞内产物获得最大限度地释放，从而便于所需生化物质的提取和分离的一种操作。因此，微生物细胞的破碎过程本质上是一种增溶作用，其主要阻力来自各种微生物细胞的细胞壁。正是由于各种微生物细胞壁结构和组成的差异，导致了细胞破碎的难易程度不同。因此，了解微生物细胞壁结构和强度对判断细胞破碎的难易程度和选择合适的细胞破碎方法有着重要意义。

一、微生物细胞壁的组成和结构

一般地讲，几乎所有细菌的细胞壁都是由具有坚强网状结构的肽聚糖组成，这种坚强的肽聚糖结构包围在细胞周围，从而使细胞具有一定的形状和强度。破碎细菌的主要阻力就来自肽聚糖的这种坚强的网状结构，其网状结构的致密程度和强度取决于聚糖链上所存在的肽键数量和其交联程度，肽键数量和交联程度越大，则网状结构就越致密。

1. 大肠杆菌

大肠杆菌属革兰氏阴性菌，见图 2.6，其细胞壁结构层次明显，分为内层壁和外层壁。

内层壁紧贴细胞膜，厚 2～3 nm，由肽聚糖组成，占细胞干重的 5%～10%。大肠杆菌的内层壁形成一个肽聚糖骨架层，包围在细胞膜的周围，使细胞具有一定的形状和强度。聚糖链由 N-乙酰葡萄糖胺和 N-乙酰胞壁酸交替通过β-1,4 糖苷键连接而成，借短肽交联成网状结构，其中的短肽是由 4 个氨基酸（D-丙氨酸-二氨基庚二酸-D-丙氨酸）组成。

外壁层由外到内依次由脂糖层、磷脂层和脂蛋白层三层组成，厚约 8 nm。外层壁以脂类部分与聚糖肽键中的二氨基庚二酸连接。

细胞膜

肽聚糖

外层壁

图 2.6　大肠杆菌细胞壁结构示意图

2. 酵母菌

酵母菌细胞壁由三层组成，其厚度比革兰氏阴性菌和革兰氏阳性菌都大，且随着菌龄的增加而增加。

酵母菌细胞壁的最里层由葡聚糖的细纤维组成，构成细胞壁的刚性骨架，使细胞维持一定的形状，其上覆盖了一层糖蛋白，最外层由甘露糖的1,6-磷酸二酯键共价连接成网状结构的甘露聚糖。

酵母菌细胞壁的刚性和强度与厚度有关（如面包酵母菌壁厚约为70 nm），其破碎阻力主要取决于交联的紧密程度和它的厚度，而厚度又取决于酵母菌的菌龄。

二、细菌的破碎

不论是大肠杆菌还是酵母菌，对它们破碎的基本要求有两点：

（1）破碎率高；

（2）破碎后细胞碎片较大。

通常，根据外加力方式的不同，细胞破碎的方法可分为机械法和非机械法两类。

1. 机械法

目前，实验室和生产过程中所采用的机械法主要有以下几种。

1）高压匀浆法

高压匀浆法是一种由于固体剪切力而使细胞破碎的方法，是大规模破碎细胞常用的一种方法。其破碎原理是利用高压使细胞悬浮液通过针型阀，由于细胞悬浮液通过针型阀后突然减压和高速冲击撞击环，造成了细胞的破碎。

对于难以破碎的酵母菌等细胞，可以采用这种方法多次循环进行破碎。

一般地讲，细胞的破碎率可以用下式表示：

$$\ln\left(\frac{1}{1-R}\right) = K \cdot N \cdot P^a \tag{13a}$$

或者表达成：

$$R = 1 - \frac{1}{e^{K \cdot N \cdot P^a}} \tag{13b}$$

式（13）中：

R——细胞的破碎率；

N——悬浮液通过匀浆器的次数（破碎循环次数）；

P——破碎时的操作压力；

K——与温度有关的常数；

a——与微生物种类有关的参数。

由式（13）可见，提高破碎时的操作压力和破碎循环次数，都可以提高细胞的破碎率。然而，要注意的是，压力提高到一定程度后，易于损坏仪器配件，且会产生过多的热量，因此一般用 50~70 MPa 的压力比较合适。一些细胞的一次性破碎率见表 2.3。

表 **2.3**　一些酵母菌细胞和大肠杆菌细胞的一次性破碎率

微生物	压力/MPa	破碎率/%
面包酵母	53	62
啤酒酵母	55	61
解脂假丝酵母	55	43
大肠杆菌	53	67

2）X-press 法

在高压匀浆法的基础上，通过对高压匀浆法的改进发展了 X-press 法或 Hughes press 法。此法将浓缩的菌体悬浮液冷冻到 -25~-30 ℃ 使其形成冰晶，然后利用 500 MPa 以上的高压冲击，将冷冻细胞从高压阀的小孔中挤出。由于冰晶体的磨损，造成包埋在冰晶体中的微生物变形而引起细菌细胞的破碎。

在此方法中，通过提高细胞浓度、降低温度和提高操作压力等措施都可以提高细胞的破碎率。此方法的特点是细胞破碎率高，细胞碎片粉碎程度低，目标产品活性保留率较高。

3）超声波破碎法

超声波破碎法是一种由于液体剪切力而使细胞破碎的方法。超声系统首先将 50/60 Hz 的线电压转换成 20 kHz（每秒 20 000 个循环）的高频电能，高频电能再传送到转换器中转换成机械振动，这种机械振动通过探头而得到加强并且在液体中创造一个压力波，这种压力波能够在液体中形成很多非常细小的气泡（空穴），而这种气泡在负压时剧烈膨胀，在正压时剧烈向内爆裂，从而在探头嘴上产生了强有力的剪切作用，引起液体中细胞的强烈搅动。

在超声波破碎法中，探头嘴直径越大，一次性能够处理的液体体积也越大，但是由于其超声强度变小，因此需要更长的时间，且破碎率一般也会相应降低。表 2.4 给出了一般常用探头的比较情况。

表 2.4　超声波破碎法中一般常用探头的比较情况

顶圆直径/mm	强度	一次处理量/mL
13.0	高	10～250
19.0	中	25～500
24.5	低	50～1 000

*不能使探头在空气中振动超过 10 秒。

在超声波破碎法中，对酵母菌等一些比较难以破碎和破碎率较差的菌体，可以在破碎液中加入 0.05～0.5 mm 的玻璃珠，以提高破碎率。

4）反复冻融

在实验室中，当有时缺乏必要的仪器设备时，反复冻融也可用于细胞的破碎。然而，与前面保存菌种时温度的慢降速升原则相反，当用反复冻融法破碎细胞时，要采用温度速降慢升法，以提高细胞的破碎率。

机械法处理量大，细胞破碎速度快，一般在实验室、中试生产和大规模工业化生产中都常用。但要注意的是，这种方法由于在细胞破碎过程中产生的热量过多，一般要采取降温措施，以防止生物样品生物活性的丧失。

2. 非机械法

非机械法破碎细胞常用酶解法和渗透压冲击法。

1）酶解法

酶解法是利用专一性较强的酶解反应来水解和破坏细菌细胞壁中的特殊化学键，以达到使细菌细胞破碎的目的。

溶菌酶是酶解法破碎细菌细胞中应用最多的一种酶，它能专一性地水解细菌细胞壁上糖蛋白分子的 β-1,4 糖苷键。经溶菌酶处理后的细胞只要移至低渗溶液中，就很容易使细菌细胞破碎。

此法费用较高。

2）渗透压冲击法

渗透压冲击法是先将细菌细胞放入高渗透压的介质中，在细胞内外的渗透压达到平衡后，突然稀释高渗透压介质或将细胞转入水或缓冲液中，水就会迅速进入细胞内，使细胞急剧膨胀从而引起细胞壁的破裂。

渗透压冲击法一般适用于细胞壁比较脆弱的，或者细胞壁预先用酶处理过的，或者细胞壁合成受到抑制的微生物细胞的破碎。

例：从大肠杆菌中提取亲水性酶

大肠杆菌细胞首先置于 30 mmol/L 盐酸三（羟甲基）氨基甲烷（Tris-HCl）（pH =7.0）的缓冲液中洗涤，再用含 30 mmol/L Tris-HCl 和 0.1 mmol/L 乙二胺四乙酸（EDTA）的 20% 蔗糖液（pH = 7.2）悬浮并搅动，离心后冷却到 4 ℃，然后迅速将收集的细胞投入冷水中，剧烈搅拌 10 分钟，各种亲水性酶即可从大肠杆菌细胞中释放出来。

三、细胞破碎率的测定

测定细胞的破碎率可以采用直接测定法和电导测定法。

1. 直接测定法

直接测定法就是用显微镜或电子微粒计数器直接计数破碎前后完整细胞的量的方法来计算细胞破碎率的方法。

用直接测定法测定细胞的破碎率时，细菌细胞释放出来的 DNA 或其他聚合物组分可能会干扰细胞的计数。它们的干扰可以用染色法加以区别，如用革兰氏染色法，未受损伤的酵母细胞呈紫色，而受损伤的酵母细胞呈亮红色。

2. 电导测定法

电导测定法是利用细胞破碎前后细胞悬浮液导电率的变化来测定细胞破碎程度的一种快速测定方法。其原理是：当细胞的内含物被释放到体相时，会引起体相导电率的变化，而体相的导电率与细胞的破碎率一般有线性关系，随破碎率的增加而增加。

电导测定法一般应预先采用其他方法标准化。

第三章　包涵体的处理

本章主要包括包涵体的分离和纯化、变性蛋白质的复性和重折叠两部分内容。

包涵体的分离和纯化一节主要介绍了包涵体形成的原因、包涵体的成分和组成、包涵体的洗涤和纯化，以及包涵体的变性溶解等内容。

变性蛋白质的复性和重折叠一节主要介绍了变性蛋白质复性的动力学过程、二硫键的形成、一些常见的重折叠方法，以及变性蛋白质复性率的检测等内容。

第一节　包涵体的分离和纯化

包涵体（Inclusion Body）是指细菌表达的蛋白质在细胞内由于凝集而形成的无活性的固体颗粒，它是重组蛋白质在生成过程中因缺失某种协助因子，或其本身性质或环境不适而难以连续形成次级链，而由中间产物互相凝集而产生的一种特殊结构。包涵体一般含有 50% 以上的重组蛋白质，其余为核糖体元件、RNA 聚合酶、内毒素、外膜蛋白质（Omp C、Omp F 和 Omp A 等）、环状或缺口的质粒 DNA，以及脂质、脂多糖等，其大小一般为 $0.5 \sim 1\ \mu m$，具有很高的密度（约 $1.3\ mg/mL$）。它一般无定形，呈非水溶性，只溶于变性剂如尿素、盐酸胍等。核磁共振研究结果表明，包涵体中具有一定量的二级结构，它们可能在复性的启动阶段具有一定的作用。

一、包涵体的形成

1. 包涵体的组成

一般地讲，在绝大多数情况下，包涵体存在于细菌细胞质中，在某些条件下，它也可能在细胞间质中形成。包涵体的组成主要包括三个部分。

（1）没有活性的重组蛋白质，占包涵体总组成的50%以上，它们虽然具有正确的一级氨基酸序列，但由于其空间构象往往是错误的，因而没有生物活性。

（2）受体蛋白质本身高表达的蛋白质产物（如 RNA 聚合酶，核糖核蛋白体，以及外膜蛋白质 Omp C、Omp F 和 Omp A 等）和质粒的编码产物（主要是标记基因表达产物）等。

（3）环状和缺口质粒 DNA、RNA、脂多糖、肽聚糖和脂质等非蛋白质成分，以及吸附和粘连的细胞碎片等。

由于包涵体中的重组蛋白质组分绝大部分都失去了天然空间构象，且所有的分子紧密积聚，因此它们在水溶液中一般很难溶解，只有在高浓度的变性剂溶液中才能溶解成均相。

包涵体的大小一般为 $0.5 \sim 1.0\ \mu m$，它们一般可直接在细胞中用相差显微镜或电子显微镜观察到。

2. 形成包涵体的原因

形成包涵体的原因非常复杂，目前一般将重组蛋白质在生成过程中形成包涵体的主要原因归结为以下几点。

（1）目的基因所表达的重组蛋白质对大肠杆菌等宿主是异体蛋白质，而这些大肠杆菌体内不具备这些哺乳动物重组蛋白质翻译后修饰所需的酶类和辅助因子，如折叠酶、分子伴侣等，致使中间产物大量聚集，形成包涵体。

（2）目的基因的过度表达。基因工程菌的表达产率过高，超过了细菌正常的代谢水平，由于细菌的δ因子的蛋白质水解能力达到饱和，使得表达产物积累起来。研究发现在低表达时很少形成包涵体，表达量越高越易于形成包涵体。原因可能是蛋白质分子合成速度太快以至于没有足够的时间进行折叠、二硫键不能正确的配对、过多的蛋白质分子之间的非特异性相互作用、蛋白质无法达到足够的溶解度等。

（3）蛋白质在合成之后，于中性 pH 值或接近中性 pH 值的环境下，其本身固有的溶解度对于包涵体的形成比较关键。对有些蛋白质分子，即使有的表达产率很高，如天门冬氨酸酶，它们的表达产率可达菌体蛋白质的 30%，也不形成包涵体，而以可溶形式出现。

（4）重组蛋白质本身性质和所处的环境条件对包涵体的形成也有很大影响。如含半胱氨酸多的蛋白质形成包涵体的概率就大，含硫氨基酸越多越易形成包涵体，而脯氨酸的含量明显与包涵体的形成呈正相关；在温度超过某一种蛋白质的变性温度后，随温度增加蛋白质凝集量就会增大；当环境 pH 值接近某一蛋白质的等电点时，蛋白质分子之间的凝集就会增加，包涵体就会增多。

3. 包涵体形成的利和弊

包涵体的形成，既有利于基因工程的后处理，同时也会给后处理带来一些不必要的麻烦，在实际应用中应当加以考虑和利用。

包涵体的形成，会给基因工程的后处理带来如下益处。

（1）简化了外源基因表达产物在大肠杆菌细胞内的分离纯化程序。包涵体的水难溶性和高密度使之可以很容易地通过离心而与可溶性蛋白质分离，而包涵体的变性剂的可溶性质又可使之很容易与细胞碎片分离。

（2）使目标蛋白质一级结构得以完整保存。在形成包涵体前，由于二硫键的随机形成以及肽键旁侧基因修饰的缺乏，异源重组蛋白质尤其是真核生物蛋白质产物的蛋白酶作用位点往往裸露在外，导致它们对酶解作用的敏感性。然而，快速形成包涵体则有利于保护这些敏感位点，使宿主蛋白酶降解作用基本上对其稳定性不构成威胁。

（3）降低了产物在细胞质中的浓度，有利于目的基因的进一步表达。

包涵体的形成，给基因工程的后处理带来的主要弊端有以下几方面。

（1）在离心洗涤分离包涵体的过程中，难免会有包涵体的部分损失，从而导致目的蛋白质收率的下降。

（2）包涵体的溶解需要使用高浓度的变性剂，而在无活性异源蛋白质复性时，又必须稀释以大幅降低变性剂的浓度，使溶液的处理量增加。尤其在重组异源蛋白质的大规模生产过程中，这个缺陷就显得更加明显。

（3）包涵体的复性率一般很低（用稀释法一般不会超过 30%），耗费时间一般又很长（24～60 小时以上）。

二、包涵体的洗涤、溶解和变性

由于包涵体中的重组异源蛋白质绝大部分以分子内或分子间错配的二硫键形成可逆性集聚体，因此，若想从包涵体中回收具有生物活性的异源蛋白质，就必须使包涵体溶解并变性，只有在此基础上才能进行异源蛋白质的重新折叠。一般地讲，在溶解包涵体之前，首先要对包涵体进行洗涤，使其纯度进一步增加。

1. 包涵体的洗涤

包涵体洗涤的目的主要是除去在包涵体中存在的一些非目的蛋白质的蛋白类杂质，以及与包涵体颗粒粘连和吸附的一些细胞碎片和破碎液成分。包涵体的洗涤一般包括以下几步。

1）缓冲液洗涤

对与包涵体粘连和吸附的细胞碎片及破碎液成分，一般用破菌缓冲液洗涤离心，多进行几次即可。但要注意，对这些细胞碎片成分，最好不要用洗涤剂或变性剂去洗涤，以免造成对目标蛋白质的损害。

对与包涵体粘连和吸附的脂质和部分膜蛋白，一般依次用清洗剂和低浓度变性剂进行联合洗涤。

2）清洗剂洗涤

洗涤包涵体时，在溶解液中加入清洗剂，则在稀释后的溶液中蛋白质分子的集聚作用要减少很多，而且阴离子型、阳离子型及两性离子型清洗剂均可使用。清洗剂通常主要用于膜蛋白颗粒和脂质溶解的第一步。

在实验中常用的清洗剂主要有 Triton X-100、脱氧胆盐和十二烷基硫酸钠（SDS）等。

（1）Triton X-100：可以较高的回收率获得包涵体重组蛋白，但它去除杂蛋白的效果不是很理想。

（2）脱氧胆盐：清洗的包涵体纯度较高，但会使重组异源蛋白部分溶解而损失，导致重组异源蛋白回收率下降。

（3）SDS：文献见于牛生长激素、IFN-β和IL-2的洗涤和溶解。但由于其临界胶束浓度（CMC 值）较低（0.1%），而且在重组异源蛋白中很难根除，一般不用于重组蛋白的洗涤。

而后来发展的正十二醇基肌氨酸（*CMC* 值 0.4%，远大于 SDS），是一种温和的清洗剂，能选择性地溶解许多包涵体。用它溶解的包涵体可以直接通过稀释的方法进行复性操作，但它不溶解不可逆的蛋白质集聚体和大肠杆菌的内膜蛋白质。

值得注意的是，尽管使用清洗剂溶解和清洗包涵体会使包涵体的纯度增加，但清洗剂的使用仍然存在一些问题。

（1）为下游蛋白质复性和纯化工序增添了不少麻烦。清洗剂能不同程度地与目的蛋白质结合，而且很难除去，会严重干扰复性蛋白质的离子交换和疏水层析分离纯化，甚至可能使蛋白质重新以变性的浓度残留在超滤膜上。

（2）几乎所有清洗剂均能同时溶解任何污染的细胞膜蛋白酶，并且其蛋白质水解活性正好为清洗剂所激活（主要是其中包含的金属离子），从而可能导致溶解和折叠过程中异源蛋白质的大量损失。为此可采取以下措施：

①通过缓冲液洗涤离心尽可能多地除去包涵体制备物中的固体细胞碎片，使膜蛋白酶尽量除去；

②在溶解液中加入适量的蛋白酶抑制剂，如 EDTA、苯甲基磺酰氟（PMSF）、苯基咪唑等（主要是络合其中的一些金属离子）。

3）低浓度变性剂洗涤

低浓度的变性剂，如 2～3 mol/L 的脲或 1～2 mol/L 的盐酸胍，也可以除去包涵体中的脂质和部分膜蛋白，故也常用于包涵体的洗涤。低浓度变性剂通常主要用于膜蛋白颗粒和脂质溶解的第二步。

2. 包涵体的溶解和变性

包涵体的溶解和变性过程中通常要加入变性剂和还原剂。

1）变性剂

在实验室和生产过程中经常使用的变性剂主要有盐酸胍和脲两种。其作用机制是：通过它们与蛋白质分子间的相互作用，打断包涵体蛋白质分子内和分子间的各种化学键，使蛋白质分子的多肽链伸展而溶解。

盐酸胍和脲用于溶解包涵体的浓度主要取决于异源蛋白质的性质。若某蛋白质在低变性剂浓度下能保持上面的非折叠状态，则其往往能在相似溶液下溶解；而如果蛋白质性质未知，则只有通过实验来确定变性剂的浓度。

对大多数包涵体而言，在 pH 值 8.0 的条件下，8 mol/L 脲或 6～8 mol/L 盐酸胍就可将其溶解。然而，实验发现，一些重组蛋白质只能用盐酸胍来溶解（如 IL-4 用盐酸胍溶解效果较好，若用脲则会使其全部丧失活性），有些则既可用盐酸胍溶解，也可用脲溶解。

（1）盐酸胍：6～8 mol/L 的盐酸胍是一种强变性剂，但其高离子强度使得溶解蛋白质的离子交换层析操作变得较为困难，而且盐酸胍价格较为昂贵，因而只适用于生产高附加值的蛋白质产物和药品。

$$H_2N\!-\!\overset{\overset{\displaystyle NH}{\|}}{C}\!-\!NH_2{}^+\cdot HCl^-$$

（2）硫氰酸胍：5 mol/L 硫氰酸胍的溶解变性作用明显优于盐酸胍，但这种溶液对后续蛋白质重折叠有何影响目前还不甚清楚，建议谨慎使用。

（3）脲：脲是一种比较便宜的变性剂，但它常常会被自发形成的氰酸盐所污染，而后者极易与蛋白质多肽侧链中的氨基基团发生反应，导致产物的异质性。因此，为了避免这种异质性，可以在使用脲前用阴离子交换树脂处理脲溶液，并在包涵体溶液及重折叠操作中使用氨基类缓冲液，如Tris-HCl 等。

$$H_2N\!-\!\overset{\overset{\displaystyle O}{\|}}{C}\!-\!NH_2$$

要注意的是，盐酸胍和脲诱导蛋白质去折叠的机制存在着较大的差别。虽然脲和盐酸胍都能与蛋白质的多肽主链竞争氢键并增加非极性侧链在水中的溶解度，因而破坏蛋白质的二级结构并降低维持其三级结构的疏水相互作用，但由于盐酸胍是一种电解质，而脲则是一种非离子型变性剂，因此盐酸胍能通过正离子（胍离子）的静电效应减弱维持蛋白质三级结构的静电相互作用，而脲则不能，这也导致了盐酸胍诱导蛋白质去折叠的能力明显高于脲。

2）还原剂

包涵体一旦溶解，多肽链中的巯基就会迅速自发氧化形成折叠中间体和共价集聚物。由于这些折叠中间体和共价集聚物通常难以进行重折叠，因此必须从复性液中除去，这样就必然会降低目标蛋白质的收率。为了防止这种自发氧化作用的发生，就必须在溶解缓冲液中加入一些还原剂。在实验室和生产中，常用的还原剂主要是一些低分子量的巯基试剂，如 2-巯基乙醇、二硫苏糖醇（DTT）、谷胱甘肽（还原型/氧化型，（5～10）∶1）等，也可以通过 S-碘酸盐形成保护还原性的巯基基团。

　　还原剂的作用是破坏异常分子之间的二硫键，使胱氨酸的巯基以还原形式存在，避免分子间的再凝集。如果包涵体的蛋白质含有两个以上二硫键，有可能发生错误连接，就必须在使用前用还原剂打断二硫键，使其变成—SH 形式。然后在复性的同时，加入一定量的氧化剂，使两个—SH 形成正确的二硫键，以达到复性的目的。如 t-PA，它在大肠杆菌中表达很高，溶解其包涵体时若不加还原剂，则收率很低；若溶解其包涵体时加入 100 mmol/L 巯基乙醇或 100 mmol/L DTT，则其收率明显提高。

　　要注意的是，溶解包涵体时还原剂的使用浓度与目标蛋白质中二硫键的数目无关。

　　3）其他变性剂

　　除了上述的盐酸胍和脲之外，溶解包涵体实验中还可以考虑使用一些其他变性剂进行溶解，如极端 pH 值或混合溶剂等。

　　（1）极端 pH 值：常使用有机酸和碱，有机酸一般用 5%～80% 浓度。如 IL-1 和 IFN-β，均可用醋酸和丁酸成功溶解，而 pH＞11 的碱可用来溶解牛生长激素和凝乳酶原包涵体。由于极端 pH 值条件下，蛋白质常常会发生一些不可逆修饰反应，因此使用极端 pH 值溶解包涵体时应考虑到这些问题。

　　（2）混合溶剂：将变性剂与某些添加剂或溶解增强剂联合使用，有时可大大促进包涵体的溶解变性。如脲分别与醋酸、二甲基砜、2-氨基-2-甲基-1-丙醇以及高 pH 值联用，可成功溶解牛生长激素包涵体。在一般情况下，各种变性剂不能混合使用，如盐酸胍和脲的混合溶液就达不到很高的饱和浓度。

例 1：rh-G-CSF 包涵体的处理

　　（1）菌体以 1∶10 比例悬于 10 mmol/L Tris-HCl＋1 mmol/L EDTA(pH＝8.0)的溶液，加溶菌酶 1～2 mg/g（湿菌），消化 2 小时，冰浴破碎，离心去上清，得沉淀。

　　（2）沉淀分别用下列两种液体各洗一次，以除去部分脂质和杂蛋白，弃上清，得沉淀。洗涤后包涵体纯度已达 90%。

　　A 液：20 mmol/L Tris-HCl＋10 mmol/L EDTA＋2 mmol/L β-ME＋0.5% Triton X-100（其中的 EDTA 用于抑制膜蛋白酶活性和络合 Cu^{2+} 等离子，因为它们在碱性条件下易作为催化剂氧化—SH，此处 EDTA 浓度要较大）；

　　B 液：2 mol/L 尿素＋20 mmol/L Tris-HCl＋2 mmol/L EDTA(pH＝8.0)。

（3）沉淀以 20%（W/V）浓度溶于 7 mol/L 盐酸胍＋10 mmol/L DTT＋1 mmol/L EDTA＋20 mmol/L Tris-HCl（pH＝8.0）溶液中，搅拌溶解后离心弃不溶物，得包涵体上清。

（4）将包涵体上清在 1 mmol/L 还原型谷胱甘肽（GSH）＋0.1 mmol/L 氧化型谷胱甘肽（GSSG）＋20 mmol/L NaAc（pH＝4.0）的 2 mol/L 尿素溶液中，4 ℃缓慢复性 24～48 小时，用 20 mmol/L NaAc-Hac（pH＝4.0）缓冲液透析除复性剂。

复性后 rh-G-CSF 的纯度已达 92%。

（5）层析：CM-Sepharose FF，2.0 cm×40 cm 层析柱。20 mmol/L NaAc-Hac（pH＝4.0）平衡柱子，0～1.0 mol/L NaCl 线性梯度。

层析中，rh-G-CSF 在 0.2～0.3 mol/L NaCl 处洗脱，其纯度已达 95%。

例 2：GM-CSF/IL-3 融合蛋白包涵体的处理

（1）菌体 4 000 r/min 离心 20 分钟收集，用蒸馏水洗涤一次，再离心，收集沉淀。

（2）沉淀用 50 mmol/L Tris-HCl＋5 mmol/L EDTA＋0.1 mol/L NaCl（pH＝8.0）悬浮、超声破碎，5 000 r/min 离心 20 分钟收集沉淀。

（3）用下列两种洗涤液各洗一次沉淀，每次洗完后在 4 000 r/min 下离心 20 分钟。

A 液：50 mmol/L Tris-HCl＋5 mmol/L EDTA＋1.0 mol/L NaCl＋0.05% Triton X-100＋5% 甘油（pH＝8.0）；

B 液：50 mmol/L Tris-HCl＋5 mmol/L EDTA＋0.1 mol/L NaCl＋0.05% Triton X-100＋5% 甘油。

纯化后 GM-CSF/IL-3 融合蛋白包涵体的纯度约 80%。

（4）溶解：沉淀用 8 mol/L 尿素＋10 mmol/L DTT＋50 mmol/L Tris-HCl（pH＝8.0）溶解，15 000 r/min 离心 20 分钟。

（5）复性：上清倒入透析袋中，对 500 mL A 透析液透析过夜，次日取透析袋再对 500 mL B 透析液透析，每 4 小时换一次透析液，三次后过夜。第三天早上将透析袋取出，15 000 r/min 离心 20 分钟。（分步复性法）

A 液：2 mmol/L GSH＋1 mmol/L GSSG＋50 mmol/L Tris-HCl＋5 mmol/L EDTA＋3.0 mol/L 尿素（pH＝8.0）；

B 液：50 mmol/L Tris-HCl＋5 mmol/L EDTA（pH＝8.0）。

（6）层析：50 mmol/L Tris-HCl（pH＝8.0）平衡 DEAE-Sepharose FF 柱，0～0.2 mol/L NaCl 梯度洗脱，纯度达到 95％。

第二节 变性蛋白质的复性和重折叠

目前，人们表达的重组蛋白质分子已经有 4 000 多种，其中用 *E.coli* 表达的蛋白质要占 90％以上。尽管基因重组技术为大规模生产目标蛋白质提供了崭新的途径，然而人们在分离纯化时却遇到了意想不到的困难，即这些蛋白质分子在 *E.coli* 中绝大多数以包涵体的形式存在：重组蛋白质不仅不能分泌到细胞外，反而在细胞内聚集成没有生物活性的直径为 0.1～3.0 μm 的固体颗粒。自从应用大肠杆菌体系表达基因工程产品以来，人们就一直期望得到高活性、高产量的重组蛋白质分子。不可溶、无生物活性的包涵体必须经过变性、复性才能获得天然结构以及生物活性，因此应该选择一个合适的复性过程来实现蛋白质分子的正确折叠和获得生物活性。经过多年的研究和探索，人们已经可以使复杂的疏水蛋白、多结构域蛋白、寡聚蛋白及含二硫键的蛋白质分子在体外成功复性。

在变性剂作用下，蛋白质分子中所有的氢键、疏水键等完全被破坏，但其一级结构则保持完好。当去除这些变性剂时，其中一部分蛋白质分子即可自动折叠成具有活性的正确构型，这一折叠过程就是变性蛋白质分子的复性过程，如包涵体的复性等。

在溶解包涵体的复性过程中，一般地讲，当重组异源蛋白质在包涵体中的含量大于 60％时，变性溶解的包涵体蛋白质可以直接进行复性和重折叠；当重组异源蛋白质在包涵体中的含量小于 50％时，最好通过多次洗涤离心的方法进一步进行纯化，否则大量的受体菌组分在复性后会直接增加蛋白质纯化工序的负担；而当重组异源蛋白的表达率（指包涵体）只有受体细胞蛋白质总量的 10％～20％时，除了包涵体需要进一步纯化外，变性溶解后的蛋白质溶液在复性前也需要进一步分级分离，否则复性重折叠效果就不好。

一、变性蛋白质复性动力学过程

分离包涵体并复性蛋白质的操作步骤并不复杂，从破碎细胞开始，然后将细胞匀浆离心，回收包涵体后，加入变性剂溶解包涵体，使之成为可溶性伸展态，再除去变性剂使表达产物折叠恢复天然构象及活性。在实际研究中发现，当在体外折叠时，蛋白质分子间由于存在大量错误折叠和聚合，复性效率往往很低。究其原因，蛋白质的立体结构虽然由其氨基酸顺序决定，然而伸展肽链折叠为天然活性结构的过程还受到周围环境的影响。

为了有的放矢地开发辅助蛋白质复性的技术，研究人员对蛋白质折叠机制进行了大量探讨。目前有两种不同的假设：一种假设认为，肽链中的局部肽段先形成一些构象单元，如α-螺旋、β-折叠、β-转角等二级结构，然后再由这些二级结构单元的组合、排列，形成蛋白质三级结构；另一种假设认为，首先是由肽链内部的疏水相互作用导致一个塌陷过程，然后经逐步调整，形成不同层次的结构。尽管以上是两个不同的假设，但很多学者都认为其中都存在一个所谓"熔球态"的中间状态。在熔球态中，蛋白质的二级结构已基本形成，其整体空间结构也初具规模。此后，分子立体结构再做一些局部调整，最终形成正确的立体结构。

一般地讲，变性蛋白质的复性过程可以用图 3.1 来表示。

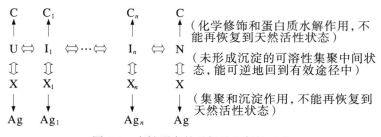

图 3.1　变性蛋白的重折叠和复性过程

其中，U 表示完全展开的未折叠状态的蛋白质分子，N 表示有效折叠后的天然态的蛋白质分子，$I_1 \sim I_n$ 表示在有效折叠途径中形成的一系列中间状态，X 表示脱离有效折叠途径进入集聚途径的各种中间状态，Ag 表示集聚作用（不可逆副反应）中所形成的无活性产物，C 为化学修饰作用和蛋白质水解作用（不可逆副反应）中所形成的无活性产物。

在上述变性蛋白质的重折叠和复性过程中，我们要特别关注复性路径、疏水作用、集聚体和二硫键的作用和不同。

（1）复性路径：在上述变性蛋白质的重折叠和复性过程中，伸展态 U 经过早期变化成为中间体 I，然后由中间体过渡到最后的天然态 N。但是在中间体折叠为天然态的同时，另有两条旁路，一条是由中间体相互聚集而成的集聚体 Ag，另一条是由化学修饰和水解作用而形成的无活性产物。此外，蛋白质的折叠过程中也可能存在别的路径，比如有两个独立的中间体或两条独立的折叠路线等。

在上述折叠反应中，从伸展态到中间体的形成是非常快速的，一般在毫秒范围内完成；但从中间体转变为天然态的过程比较缓慢，是反应的限速步骤。当溶液中离子强度或变性剂浓度很低，又无其他辅助手段存在时，集聚趋势可能占主导地位，从而可能导致蛋白质的自发复性效率极低。

（2）疏水作用：一般认为，蛋白质在复性过程中，涉及两种疏水相互作用，一种是分子内的疏水相互作用，另一种是部分折叠的肽链分子间的疏水相互作用。前者能够促使蛋白质正确折叠，而后者会导致蛋白质集聚而无活性。在变性蛋白质的复性过程中，这两种疏水相互作用互相竞争，从而会影响到蛋白质的复性收率。因此，在复性过程中，抑制肽链间的疏水相互作用以防止集聚，是提高复性收率的关键。

（3）集聚体：在上述变性蛋白质的复性过程中，蛋白质的集聚作用可以在非常温和的条件下进行，它们一般能保持蛋白质的完整化学结构，但生物学活性的丧失不可逆转。蛋白质折叠过程中所有分子状态的集聚和沉淀是复性失败的主要原因。

（4）二硫键：在变性蛋白质的复性过程中，可逆性蛋白质集聚作用的主要形式是蛋白质在折叠或非折叠条件下，分子内或分子间的二硫键错配。在蛋白质的体外折叠过程中，由于高浓度变性剂和还原剂的存在，错配的二硫键会被全部拆开，同时有可能重新获得形成有活性的、正确折叠的蛋白质分子的机会。

二、二硫键的形成

由二硫键错配引起的集聚作用是重组异源蛋白质体外折叠过程中的普

遍现象。

在真核生物体内，在新生多肽链进入内质网膜腔后，相应的半胱氨酸残基通过二硫键交换机制形成共价交联结构。催化这个反应的酶是二硫键异构酶（PDI），它存在于很多真核细胞中，对含有二硫键的蛋白质装配是必需的；而原核细菌缺乏内质网膜结构这样的胞内氧化空间，表达的蛋白质通常难以在细胞质中形成二硫键，因此在大肠杆菌中表达的重组异源蛋白质大多需要进行体外二硫键的修复操作。

在变性蛋白质的体外折叠过程中，二硫键的形成和恢复可以通过两种途径进行，即化学氧化法和二硫键交换法。

1）化学氧化法

化学氧化法的反应过程如下。

$$\begin{array}{c} HS \\ \diagdown \\ \diagup \\ HS \end{array} P \xrightarrow[Cu^{2+}]{[O]} \begin{array}{c} S \\ \diagdown \\ \diagup \\ S \end{array} P + 2e + 2H^+$$

此法进行的前提是在碱性条件下有电子受体的存在。最为廉价的电子受体就是空气中的氧气，氧气接受电子的反应可由重金属（Cu^{2+}）、碘基苯甲酸或过氧化氢等所催化，而其他氧化剂目前很难应用在此类反应上。但要注意，化学氧化法存在以下几个主要问题：

（1）氧化反应通常很慢。如在 Cu^{2+} 存在下，G-CSF 的氧化一般需要 $0.5\sim4.5$ 小时；

（2）易造成二聚体集聚或将半胱氨酸残基直接氧化成磺基丙氨酸或半胱氨酸亚砜；

（3）极易造成二硫键错配。

因此，化学氧化法不适用于含有多个半胱氨酸残基的变性蛋白质折叠，尤其是那些天然构象中存在一个或多个游离半胱氨酸残基的蛋白质。

2）二硫键交换法

二硫键交换法的反应过程如下。

$$\begin{array}{c} HS \\ \diagdown \\ \diagup \\ HS \end{array} P + R-S-S-R \rightleftharpoons \begin{array}{c} S-S-R \\ \diagdown \\ \diagup \\ HS \end{array} P \rightleftharpoons \begin{array}{c} S \\ \diagdown \\ \diagup \\ S \end{array} P + 2R-SH$$

二硫键交换法可以避开空气氧化法的许多缺陷，在变性蛋白质的复性和重折叠过程中获得了广泛的应用。其反应条件为：

（1）反应缓冲液中应同时含有低分子量的氧化剂和还原剂，而不是只有氧化剂；

（2）还原型巯基与氧化型巯基的量之比一般为（5~10）：1，与体内天然条件相同，以使反应有利于向左进行，使错配的S—S键得以解离。

应用二硫键交换法时，通常用还原型谷胱甘肽（GSH）和氧化型谷胱甘肽（GSSG），一般它们的浓度分别为 1 mmol/L 和 0.2 mmol/L。然而，由于谷胱甘肽比较昂贵，对大规模工业生产不利，一般工业生产上用较为廉价的还原剂，如半胱氨酸、二硫苏糖醇、2-巯基乙醇和半胱胺等来代替，它们同样也可加速分子间二硫键的转化过程，促使那些更具稳定性的自然态蛋白质分子的二硫键形成。

三、常用的复性方法

在实验室和一般工业化生产上，常用稀释、透析、超滤和层析法对变性蛋白质进行复性和重折叠。

1. 稀释法

稀释法又称直接稀释法，按操作方式又可分为一步稀释法和分段稀释法两种方法。

1）一步稀释法

单体蛋白质分子的体外重折叠属于分子内部的相互作用，遵循一级动力学模型，与蛋白质浓度无关；但集聚作用本身却属于多级动力学反应，依赖于蛋白质的高浓度。因此，稀释过程就是重折叠和集聚作用的相互竞争过程。显然，在重折叠过程中，降低蛋白质浓度可以在很大程度上抑制集聚作用。

例如，对于牛生长激素，当其浓度为 1.6 mg/mL 时，有部分中间折叠物形成，而若将溶液稀释 100 倍，则无中间折叠物形成。

对有些蛋白质，它们在 0.1 ~ 10 mg/mL 内均能完全溶解，且均可进行有效折叠，但这不具有普遍性。因此，对于不同的蛋白质分子，在进行它们的复性工作前，要测定它们的复性蛋白质浓度。

2）分段稀释法

对于一些非折叠和部分折叠状态下在某些变性剂浓度下溶解度有限的

蛋白质分子，很明显不能在这些变性剂浓度下复性，此时若采用分步稀释法则可以有效复性。

例如，胰凝乳蛋白酶原天然构象具有很大溶解度，但在它的五对二硫键打开后，变性胰凝乳蛋白酶原在小于或等于 0.5 mol/L 或者大于或等于 3.0 mol/L 盐酸胍中溶解度下降，容易形成集聚体或集聚体沉淀。为此，将还原型胰凝蛋白酶原的 6 mol/L 盐酸胍用含有 GHS 和 GSSG 的缓冲液稀释到 1 mol/L，保温 4 小时，然后将该折叠系统稀释在非变性缓冲液中，可以得到较好的复性效果。第一次稀释时，若盐酸胍浓度小于 0.5 mol/L 或大于 3 mol/L，将会导致大量沉淀产生；而 1 mol/L 的盐酸胍溶液对还原型的凝乳蛋白酶原及其部分重折叠中间产物具有足够的溶解力，同时又不会对已形成天然构象的最终折叠产物产生较强的变性作用。

同时应该看到，稀释法虽然操作简单，但增大了后加工处理的溶液量，降低了蛋白质的浓度，为后处理带来了一定的麻烦。

应用直接稀释法时要注意以下几个问题。

（1）蛋白质浓度：正确折叠的蛋白质的得率低通常是由于多肽链之间的集聚作用，而蛋白质浓度是使蛋白质集聚的主要因素。因此，在变性蛋白质的稀释复性过程中，蛋白质浓度一般控制在 0.1～1.0 mg/mL。在变性蛋白质的稀释复性过程中，如果变性蛋白质加入复性液中速度过快，就容易形成絮状沉淀，可能是由于蛋白质重新凝聚的缘故。所以在复性时采用在水浴和磁力搅拌下，逐滴加入变性蛋白质，使变性蛋白质在复性液中始终处于低浓度状态的方法。

（2）稀释液变性剂：用于变性的缓冲液并不一定非要与在中间产物重折叠过程中使用的变性剂完全相同，交换溶剂或将溶剂稀释成另一种变性剂溶液同样可行。如用盐酸胍变性的醛缩酶可以用 2.1 mol/L 尿素稀释，同样可以获得较高的复性率，这一浓度的尿素溶液可以有效地防止折叠中间产物的集聚；胰凝乳蛋白酶原的 6 mol/L 盐酸胍溶液可以透析转化成 2 mol/L 尿素，并在后者中进行有效重折叠。

（3）变性剂的稀释速度：变性剂的更换或稀释速度快慢对重折叠的影响因蛋白质而异，如下面的色氨酸酶和牛生长激素的复性过程。

色氨酸酶：在 3 mol/L 的尿素溶液中极易形成部分折叠中间产物的集聚体，因此当从 8 mol/L 的尿素溶液稀释到低浓度时，必须加快稀释速度，使在 3 mol/L 尿素中停留的时间最短。

牛生长激素：将 2.8～5.0 mol/L 盐酸胍溶液迅速稀释到复性所需的低浓度时，溶液中会产生大量沉淀，但若将其先稀释到 2 mol/L 并保温一段时间，则难溶的中间产物会逐步溶解，然后再进行稀释。

（4）pH 值：应避免折叠缓冲液的 pH 值接近重组异源蛋白质的等电点 pI。复性缓冲液的 pH 值必须在 7.0 以上，这样可以防止自由硫醇的质子化作用影响正确配对的二硫键的形成，复性液 pH 值过高或过低都会降低变性蛋白质的复性率，一般最适宜的复性 pH 值是 8.0～9.0。

（5）缓冲液的离子种类和使用浓度：阴离子会对蛋白质疏水作用强度产生性质不同的影响，它们同时兼有稳定蛋白质折叠结构及诱导折叠蛋白质集聚的双重功能。一般阴离子的诱导次序是：

SO_4^{2-} > HPO_4^{2-} > Ac^- > Ci^{3-}（柠檬酸根）> Cl^- > NO_3^- > I^- > ClO_4^- > SCN^-

（6）温度：一般情况下，较高温度（不高于 40 ℃）对大多数蛋白质分子的重折叠是有利的。在某些情况下，较低的反应温度则可有效阻止集聚作用的发生，从而改善折叠产率。因为温度升高，蛋白质疏水基团之间的相互作用就会加强，可能产生两种作用：I→N 反应的促进和 I→Ag 反应的加强，因此温度的选择主要看哪一种作用占据优势。

2. 透析法

透析法在实验室较常用，在工业上则由于其规模受到限制，一般很难使用。将复性液通过透析袋对复性缓冲液透析，变性剂由于通过膜而被逐渐除去，而在膜里面的蛋白质则由于变性剂浓度的逐渐降低而开始复性。

透析法较为简便，但时间较长，容易形成蛋白质沉淀。

同样要注意分步透析及透析速度等，注意事项可参考直接稀释法。

3. 超滤法

超滤法比透析法速度要快得多，易于进行大规模生产，因此是一种很有潜力的大规模复性方法，但同样要注意复性速度和其他条件的选择。

4. 层析复性法

液相层析是一种最有效的分离纯化蛋白质的方法，已成为基因重组蛋白质分离纯化的必不可少的手段。现有报道，疏水相互作用层析（HIC）、离子交换层析（IEC）、凝胶排阻层析（SEC）和亲和层析（AFC）等已经成功地用于变性蛋白质的复性。与传统的稀释法和透析法相比，液相层析复性的优点是在进样后可很快地除去变性剂。由于层析固定相对变性蛋白质的吸附可明显减少，甚至完全消除变性蛋白质分子在脱离变性剂环境后的分子集聚，因此避免了沉淀的产生，提高了蛋白质复性的质量和活性回收率；在蛋白质复性的同时，可使目标蛋白质与杂蛋白分离达到纯化的目的，使复性和纯化同时进行；便于回收变性剂，降低废水处理成本。

在上述四种层析法中，SEC 的分离效果是最差的，盐酸胍会在 IEC 柱上保留与蛋白质一起洗脱下来，AFC 使用范围窄、所需时间长、价格昂贵，只有 HIC 是其中较为理想的。

变性蛋白质在 HIC 上的复性过程为：在蛋白质、变性剂和杂蛋白进入 HIC 系统后，由于变性剂在柱子上的作用力较弱，变性蛋白质的作用力较强，变性剂首先同变性的蛋白质分离，随流动相一起流出色谱柱，又因 HIC 固定相能提供较常法高出十至数百倍的能量，在变性蛋白质被 HIC 固定相吸附的同时瞬时除去以水合状态附着在蛋白质表面和与固定相表面接触区域的小分子，而蛋白质的特定的疏水性氨基酸残基与 HIC 固定相表面作用以形成区域立体结构，接着形成折叠中间体，随着流动相的不断变化，变性蛋白质不断地在固定相表面上进行吸附—解吸附—再吸附，并在此过程中逐渐被复性，形成与天然蛋白质构象相同的蛋白质，并流出色谱柱。HIC 固定相是从高盐溶液中吸附变性蛋白质，且与变性剂瞬时分离，不仅大大降低了蛋白质间的集聚作用，还因固定相在分子水平上为变性蛋白质提供了很高的能量，使水化的变性蛋白质瞬时失水，并形成局部结构以利于蛋白质从疏水核开始折叠。HIC 在蛋白质复性的同时还能与其他杂蛋白进行很好的分离，且 HIC 柱便宜、快速，因此预计有较好的发展潜力。

与稀释法和透析法相比较，层析柱复性具有回收率高（高达 90% 以上）、快速、易放大、样品稀释倍数小（一般 5 倍左右）等优点。

四、其他重折叠和复性方法

除了以上几种常用的复性方法外，还有以下几种复性方法也在不同程度地使用着。

1. 加入特种试剂

在变性蛋白质的复性重折叠系统中，某些特殊化合物的存在可以提高很多蛋白质的重折叠率。

（1）精氨酸：0.2 mol/L 的精氨酸可以明显改善重组人尿激酶原（rhPro-UK）、组织型血纤维蛋白溶酶原激活剂（t-PA）和免疫球蛋白的体外重折叠；

（2）甘氨酸：0.1 mol/L 的甘氨酸能提高松弛肽激素的折叠产率；

（3）血红素：血红素联合 Ca^{2+} 能促进重组过氧化酶的重折叠；

（4）羟基化合物：将中性的甘油、蔗糖和聚乙二醇等含羟基化合物加入折叠缓冲液中，也可以改善蛋白质的体外重折叠产率。它们通过降低集聚反应速率常数，以使重折叠反应在竞争中取得优势来稳定蛋白质的天然结构。如牛碳酸酐酶的重折叠中加入聚乙二醇能显著提高其折叠产率。

2. 蛋白质的化学修饰

变性蛋白质的复性重折叠系统中，通过一些化学反应修饰也可提高变性蛋白的复性率，如以下两种方法。

（1）防止二硫键错配。在变性溶解状态下，将蛋白质多肽链上的所有游离巯基全部烷基化封闭，然后进行复性重折叠操作，最终脱去烷基并在氧化条件下修复二硫键。这种方法可防止因二硫键错配而产生的共价集聚作用。

（2）修饰蛋白质分子中的氨基酸基团。酸酐活性试剂能可逆性地修饰多肽链上的游离氨基，并将其正电荷转换成负电荷，从而使蛋白质形成多聚阴离子状态，而后者能通过分子间的斥力阻止集聚作用的发生。

例如，胰蛋白酶原很难用一般的缓冲液交换法复性。在变性条件下，将其巯基特异性保护起来，再将蛋白质分子进行柠檬酸酰酐化修饰，则修饰的胰蛋白酶原可溶于非变性的缓冲液中，使折叠顺利进行。在蛋白质进入非变性溶液后，将溶液的 pH 值调到 5.0，即可通过脱酰基反应回收具有天然结构的蛋白质。

此法特别适用于难以用一般方法复性的包涵体型重组蛋白质的活性回收。

3. 隔离重折叠分子

蛋白质及其中间产物的集聚作用依赖于其分子之间的碰撞与接触，因此如果将非折叠蛋白质分子隔离开，从理论上即可杜绝集聚作用的发生。

（1）固定在载体上：将变性状态的胰蛋白酶原固定在琼脂糖球状颗粒上，然后用一种复性缓冲液平衡层析柱，即可回收 71% 的酶活性。如果固定在层析介质上的蛋白质能方便地可逆性地回收，那么就可以实现蛋白质的原位重折叠，最终通过特定的解离溶剂从重折叠层析柱上洗脱天然构象的活性蛋白质。应用这种方法时，层析介质对蛋白质的亲和性尚有待于逐一建立。

（2）可逆性胶囊：在二-（2-二乙基己基）硫代琥珀酸盐存在下，单个的蛋白质分子能被包裹在水相球体胶囊中，若遇到有机溶剂，这种胶囊结构立即会破碎并释放出内涵物。由于胶囊与胶囊之间一般不会发生融合，因此应用这种方法可以防止蛋白分子间的集聚作用的产生。

理论上，只要选择性地更换可逆胶囊中的缓冲液，被隔离的蛋白质分子即可无集聚地重折叠，而且这一技术既经济又可进行大规模放大。当然，也可用其他表面活性剂进行复性操作。

4. 分子伴侣

为数不少的蛋白质的体外折叠必须依赖于某些其他蛋白因子的辅助作用，这类被称作分子伴侣的蛋白质通过与部分折叠中间产物分子的相互作用而促进蛋白质的准确复性和折叠。

（1）大肠杆菌来源的分子伴侣 GroEL 和 GroES：GroEL 和 GroES 可促进 1,5-二磷酸核酮糖羧化酶、柠檬酸合成酶、二氢叶酸还原酶等的体外折叠。大肠杆菌中 50％的可溶性蛋白质在其变性状态下可以与分子伴侣 GroEL 蛋白质结合。

（2）Dnak：Dnak 能阻止热变性 RNA 聚合酶的集聚作用，同时可将不溶性的集聚蛋白质转变成可溶性蛋白质。将 Dnak 与 GroEL 和 GroES 等分子混合，可以使免疫毒素蛋白质的体外重折叠提高 5 倍以上。

（3）分子伴侣和外源基因共表达系统：分子伴侣 DsbA 和牛胰蛋白酶抑制因子 RBI 共表达，并在细菌培养基中加还原型谷胱甘肽，可使具有天然构象的 RBI 回收率提高 14 倍。这是因为它们可提高异源蛋白质的可溶性，从而提高其重折叠率。

同时要注意用分子伴侣法复性的缺点：分子伴侣相对于要复性的蛋白质要大大过量，限制了其在大规模生产上的应用；分子伴侣对其辅助对象有一定的特异性要求。为了解决这个问题，可以采用的解决方案有：共表达；分子伴侣固定化，使与变性蛋白质结合，以三磷酸腺苷（ATP）进行洗脱。

虽然目前对包涵体形成和复性过程中发生集聚的机制尚不完全清楚,许多已建立的高效复性方法是在反复实验和优化的基础上建立的，且没有普遍性，但从这许许多多的个例中人们也发现了一些规律，如集聚的发生由链间的疏水相互作用介导、集聚具有相对特异性、折叠中间体可能具有不同的作用等，并利用这些知识建立了一些重组蛋白质高效复性的方法。

五、复性效果的检测

复性是一个非常复杂的过程，除了与蛋白质复性的过程控制相关外，在很大程度上还与蛋白质本身的性质有关。有些蛋白质非常容易复性，如牛胰 RNA 酶有 12 对二硫键，在较宽松的条件下复性率可以达到 95％以上；而有些蛋白质至今没有找到能够对其进行复性的方法，如 IL-11。一般说来，蛋白质的复性率在 20％左右。

根据具体蛋白质的性质和需要，可以从生化、免疫、物理性质等方面对变性蛋白质的复性效果进行检测。

（1）凝胶电泳：一般可以用非变性的聚丙烯酰胺凝胶电泳检测变性和天然态的蛋白质，或用非还原的聚丙烯酰胺电泳检测有二硫键的蛋白质复性后二硫键的配对情况。

（2）光谱学方法：可以用紫外差光谱、荧光光谱、圆二色性光谱（CD）等，利用蛋白质分子在两种状态下的光谱学特征的差异进行复性情况的检测，但一般只用于复性研究中的过程检测。

（3）层析和电泳法：如离子交换色谱（IEX）、反相液相色谱（RPLC）、毛细管电泳色谱（CE）等，通过两种状态的蛋白质层析和带电行为的不同进行检测。

（4）生物学活性测定：一般用细胞方法或生化方法进行测定，能较好地反映变性蛋白质复性后的活性。值得注意的是，不同的测活方法测得的结果不同，而且常常不能完全反映体内的生物活性。

（5）黏度和浊度测定：复性后的蛋白质溶解度增加，变性状态时由于疏水残基暴露，一般水溶性很差，大多会形成可见的沉淀析出。

（6）免疫学方法：如酶联免疫吸附测定（ELISA）、蛋白质免疫印迹（Western Blot）等，特别是对结构决定簇的抗体检验，比较真实地反映了蛋白质的折叠状态。

第四章 蛋白质的富集和浓缩

本章介绍了四种粗分离方法，即超滤、扩张柱床吸附技术、双水相萃取和反胶束萃取。

超滤一节主要介绍了超滤的工作原理、超滤操作条件的优化以及超滤的应用等。

扩张柱床吸附技术一节主要介绍了扩张柱床吸附技术的原理、操作方法、扩张介质以及扩张柱床吸附技术的应用等内容。

双水相萃取一节主要介绍了双水相萃取分离蛋白质的原理、影响蛋白质在两相中分配的因素以及双水相萃取的应用等。

反胶束萃取一节主要介绍了反胶束的形成和特性、反胶束萃取的基本原理、影响反胶束萃取蛋白质的主要因素以及反胶束萃取蛋白质的应用等。

第一节 超 滤

超滤（Ultrafiltration）是以压力为推动力的一种膜分离技术，以大分子与小分子的分离为目的。它是一种加压的膜分离技术，在一定的压力下，小分子溶质和溶剂由于分子体积较小而穿过一定孔径的特制膜，而大分子溶质由于具有较大的分子体积而不能透过膜留在膜的一边，从而使大分子物质得到部分纯化（富集或浓缩）的过程。

一、超滤的特点

与其他粗分离方法相比较，超滤具有以下优点：

（1）处理效率高，单次处理量大且处理过程易于放大，并且滤过液和截留液很易分开；

（2）过程有一定的选择性，可在富集、浓缩的同时达到部分纯化的目的；

（3）过程没有相的转变和废液产生，节能、环保；

（4）可在室温或低温下操作，适宜于热敏物质的分离和浓缩；

（5）选择合适的膜与操作参数，可以得到较高的回收率；

（6）处理系统密闭循环，防止了外来物的污染；

（7）超滤膜清洗后，可以多次重复使用。

二、超滤的工作原理

1. 膜过滤

超滤属于一种膜分离技术。根据分离原理的不同，以静压差为推动力的膜分离方法有微滤、超滤和反渗透三种。

（1）微滤：微滤（MF）的分离原理是筛分，特别适用于微生物、细胞碎片、微细沉淀物和其他在"微米级"范围的粒子，如 DNA 和病毒等的截流和浓缩。微滤膜的孔径范围一般在 $0.02 \sim 10 \ \mu m$ 之间。

（2）超滤：超滤（UF）的分离原理也是筛分，但这种方法更适用于分离纯化和浓缩一些生物大分子物质，如在溶液中或与亲和聚合物相连的蛋白质（亲和超滤）、多糖、抗生素以及热源质等。滤膜的孔径一般在 $0.001 \sim 0.02 \ \mu m$ 之间，可分离分子量为 $10^3 \sim 10^6$ 大小的可溶性物质。同时，超滤的另一个重要用途是脱盐。

（3）反渗透：反渗透（RO）的原理则是溶解—扩散，在高于溶液渗透压的压力作用下，只有溶液中的水能够透过膜，而所有溶液中的大分子和小分子有机物以及无机物都被截留住。反渗透膜的孔径一般在 $0.1 \sim 1 \ nm$ 之间，工业上反渗透过程已用于海水脱盐、超纯水制备、从发酵液中分离溶剂（如乙醇、丁醇和丙酮等）以及浓缩抗生素和氨基酸等。

2. 浓差极化和切向流

在传统的过滤方法中，液体直接从一边到另一边或从上到下透过膜，较大的不能透过膜的颗粒被膜阻挡，而较小的水分子和其他可溶性分子能够透过。这样，随着超滤的进行，较大的颗粒就在膜的一边逐渐积累，从而堵塞滤膜直至更小的颗粒也不能正常透过，从而造成浓差极化。见图 4.1A。

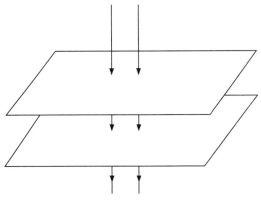

图 4.1A　经典过滤中的液流模式

浓差极化（Concentration Polarization）是指在超滤过程中，由于水溶液透过膜而使膜表面的溶质分子浓度增高，在浓度梯度作用下，溶质分子与水分子以相反方向向本体溶液扩散，当达到平衡状态时，膜表面形成了一个溶质浓度分布边界层。这个边界层对水分子的透过起着阻碍作用，因此浓差极化会降低超滤膜的透水率。为了减少浓差极化，通常采用切向流操作，这种操作是使悬浮液在过滤介质表面做切向流动，利用流体的剪切作用将过滤介质表面的固体移走。当移走固体的速率与固体的沉降速率达到平衡时，溶液的过滤速度就达到近似恒定。

切向流（Tangential Flow）是一种"扫除流（Sweeping Flow）"流动过程，液体在一定的压力下，以与膜表面平行的流向从膜的表面掠过。与经典的过滤过程一样，水和其他较小的可溶性分子可以透过膜，而较大的颗粒和蛋白分子却由于"Sweeping"作用在膜的表面不能堆积或堆积较小，它们由于未能透过滤膜而又重新回到样品池中。这样，只要操作得当，在膜表面的堆积层的厚度就可能很小，使膜的寿命延长。见图 4.1B。

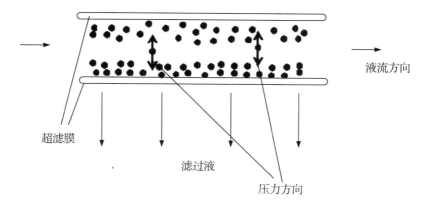

图 4.1B 超滤中的液流模式

商业超滤聚合膜主要由聚砜、硝酸纤维或醋酸纤维、再生纤维素、硝化纤维素和丙烯酸等合成。在实验室和规模化生产中，一般超滤仪上常用的超滤膜有可截留 1 000～100 000 的超滤膜和 100 000～300 000 的超滤膜。

3. 工作原理

在一般的超滤过程中，典型的超滤膜的形状见图 4.2A。

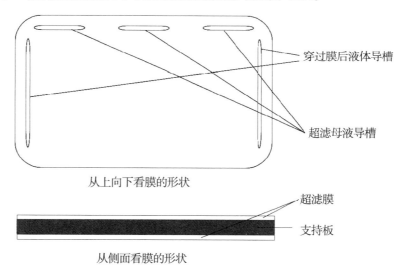

图 4.2A 从上面和侧面看超滤膜的形状

它的工作原理见图 4.2B。几个膜以正反交替的方式进行叠放，从而进行多膜串联分离。

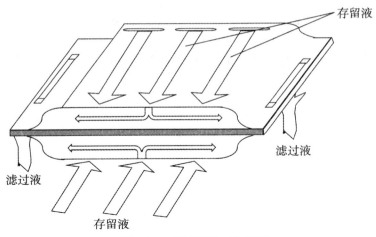

图 4.2B　超滤膜的工作原理

典型的超滤体系连接图见图 4.3。在实际操作中，由夹子的松紧程度和过滤液的流速共同决定超滤体系的效率。

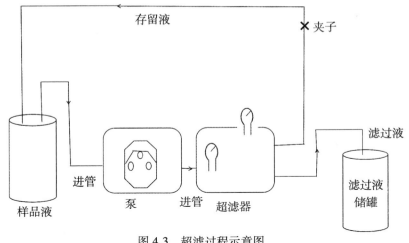

图 4.3　超滤过程示意图

三、超滤操作条件的优化

1. 平均跨膜压力和存留液流速

平均跨膜压力（Average Trans-membrane Pressure，ATP）是指超滤仪上样品液的进口压力和出口压力的平均值，它和存留液流速（Retentate Liquid Flow-rate，RLF）共同决定着超滤过程能否正常进行。在超滤过程中，如果这两个参数设置不当，可能会产生如下后果，见表 4.1：

表 4.1 平均跨膜压力和存留液流速对超滤过程的影响

平均跨膜压力	存留液流速	后果
太低,过滤速度很慢	太高,导致样品池中充气和蛋白质变性	还能接受(只要充气较小),过滤速度较慢
太高,引起不适当的极化和堵塞	太低,引起膜表面不适当的极化,从而导致膜堵塞,缩短膜的寿命	不可接受,样品不能过滤,滤膜寿命缩短

一般地,在实际超滤过程中,对有 10 个超滤板的超滤过程,用 800 ～ 1 000 mL/min 的流速,少于 10 个板的超滤过程,一般用 500 ～ 800 mL/min 的流速。通过控制存留液出口的夹子,即可控制 *ATP*。当样品超滤到剩余 100 mL 或更少时,一般应放慢泵流速以避免样品中泡沫的形成。

2. 压力变化曲线的测定

在进行超滤操作前,首先要测定所超滤样品在系统中的压力变化曲线 (Pressure Excursion Curve,PEC),然后在此基础上进行超滤操作。压力变化曲线测定可以按以下步骤进行。

(1)连接仪器,保证样品进口和存留液出口压力表连接正常,存留液出口管夹子能顺利关起,将进管、存留管和滤过液管均放在溶液中。

(2)松开夹子,泵流速达到 800 mL/min 时,系统应无反压,否则重新检查超滤系统。

(3)测量不同 *ATP* 下滤过液的流速。拧紧存留液出口管夹子,*ATP* 慢慢增大,然后测定不同 *ATP* 下滤过液的流速。每次增加 *ATP* 2～3 psi,最大不超过 5 psi,每次测完等待 2 分钟后,进行第二次测定。其中 *ATP* 可用式(1)计算。

$$ATP = \frac{进口压力 + 出口压力}{2} \tag{1}$$

(4)作不同 *ATP* 下滤过液的流速曲线图,曲线开始弯曲的点表明过滤膜开始极化,见图 4.4。

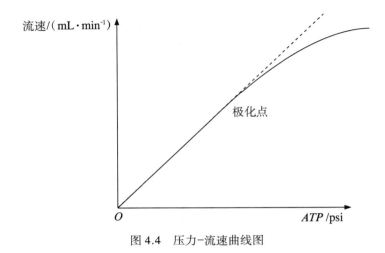

图 4.4   压力–流速曲线图

（5）选择压力设定值。一般设定压力在最大不极化压力的 75%～90%，如极化压力为 15 psi，则一般操作压力选在 11～13.5 psi 之间。

对于一些较稀的溶液，当压力到达管子能承受的最大压力时，可能仍不极化，此时可以用较大压力进行超滤操作。

3. 最大最终样品浓度

进行超滤操作时对最大最终样品浓度没有固定的限制。对蛋白质溶液，一般最大最终样品浓度为 10%（100 mg/L）或稍低于它的溶解度；对细胞悬浮液，一般最大最终样品浓度为 10%～20%溶液（w/w）。

四、超滤的应用

1. 稀溶液的浓缩

超滤法经常用于样品的浓缩，以去掉样品中的大部分水分，使原来比较稀的溶液得到浓缩。稀溶液经过浓缩后，可以使其体积大大变小，样品浓度大大提高，更有利于样品的后处理，从而大大提高样品的处理效率。

2. 截流不同分子量的物质和蛋白质

除了浓缩外，超滤还经常用于截流不同分子量的物质和蛋白质。例如，用截流分子量分别为 10 000 和 30 000 的超滤膜处理样品，可以获得分子量在 10 000～30 000 之间的蛋白质组分。此外，用截流分子量 10 000 的超滤膜，可用于除去样品中的热源质。

3. 渗滤

渗滤（Diafiltration）主要用于样品的脱盐、洗涤和缓冲液的交换。渗滤过程仪器接连其余地方与前面的相同，改动地方见图 4.5。

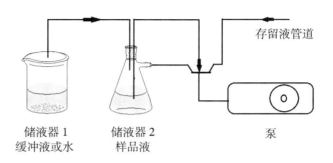

储液器 1　　　　　储液器 2　　　　　泵
缓冲液或水　　　　样品液

图 4.5　渗滤过程示意图

渗滤主要是靠气体的减压而逐渐稀释，在浓缩操作的基础上，在样品容器中加入和滤过液同样量的稀释剂或缓冲液，可达到脱盐的效果，同样也可用于细胞的洗涤。

对于一般浓度的溶液脱盐，稀释 5 倍左右即可脱去盐分的 95%。

表 4.2　渗滤中稀释倍数和剩余盐分百分率的关系

稀释倍数	剩余盐百分率/%
1	50
2	25
3	12.5
4	7.25
5	3.625

当样品中含有难以通过超滤膜的低分子物质（如 EDTA、聚乙二醇等）时，通常需要稀释 10~20 倍方能保证脱去 95% 以上的盐分。

渗滤过程实际上是一个稀释过程，它的脱盐过程与将要介绍的体积排阻层析脱盐过程有着本质的不同。

五、超滤操作应考虑的几个问题

1. 膜污染

膜污染是指由于溶质与膜的相互作用而在膜表面和孔内吸附，或因浓差极化在膜表面溶质浓度超过其饱和浓度而在膜表面产生沉淀或结晶所形成的"凝胶层"，进而引起膜性能变化的现象。膜污染是一个不可逆的过程，通常它受到膜的化学特征、蛋白质种类、溶液的 pH 值、无机盐浓度、温度等因素的影响。膜污染被认为是超滤过程中的主要障碍。

2. 膜的清洗

在任何膜分离技术应用中，都会碰到膜污染问题，即膜的透水量随着超滤运行时间的增长而下降。膜清洗的方法通常可分为物理方法与化学方法。物理方法一般指用高速流水冲洗，而化学清洗通常是用化学清洗剂（如稀碱、稀酸、醇、表面活性剂、络合剂和氧化剂等）对膜进行清洗。在某些应用中，温水清洗即可基本恢复膜的初始透水率，如多糖的超滤过程等。

第二节　扩张柱床吸附技术

扩张柱床吸附技术（Expanded Bed Adsorption，EBA）是一种新型的下游富集浓缩技术，它能直接从含菌体、破碎细胞或组织萃取物的浑浊发酵液中快速俘获目标蛋白质分子，将离心、超滤和初步分离纯化过程结合为一，一步达到粗纯化的目的，使原来需要几天的纯化工作可能在几小时内完成。

一、扩张柱床吸附技术的特点

与其他分离方法相比较，扩张柱床吸附技术的特点主要表现在以下几方面。

（1）通过一步扩张柱床吸附，可达到一般分离过程中的澄清、浓缩和富集三步的效果，见图 4.6。

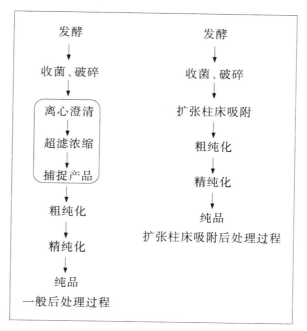

图 4.6 一般后处理过程和扩张柱床吸附后处理过程的比较

（2）扩张柱床吸附技术的扩张介质具有很高的线速度和较高的吸附容量，处理速度快，处理量大，蛋白质回收率高。扩张柱床吸附的扩张介质一般线速度可达 300～500 cm/h，一般动力学载量可达每毫升胶几十毫克蛋白质，一般在几个小时内完成扩张柱床吸附操作，回收蛋白质一般在 90％以上。

（3）可基本线性放大到生产规模。如 Streamline25 柱（内径 25 mm）、Streamline50 柱（内径 50 mm）和 Streamline200 柱（内径 200 mm），可分别装 150 mL、600 mL 和 9 L 扩张介质，分别适用于实验室、中试和生产规模的操作。

二、扩张柱床吸附的扩张介质

在扩张柱床吸附技术中，一般对扩张柱的要求是：

（1）不用耐压，一般的玻璃柱即可满足要求；

（2）要有合适的网孔，使得扩张介质不能穿过，而被分离液中的成分，如细胞、破碎细胞残片以及蛋白质分子等，能够穿过网孔。

而对扩张介质的要求是：

（1）要有适当的密度，其密度至少要大于被分离液的密度；

（2）要有合适的颗粒直径，扩张介质不能穿过扩张柱的网孔；

（3）要有适当的颗粒直径分布，使得扩张介质可以均匀地充满扩张柱床。

一般地讲，扩张柱床吸附的扩张介质由交联琼脂糖（Cross-linked Agarose）基质上键合的配基而成，但这种交联琼脂糖内包含着一种惰性的水晶石英内核，使其具有较高的密度以便稳定扩张柱床。一般交联琼脂糖约占 6%，颗粒为 100～300 μm 的球形颗粒，平均密度为 1.2 g/mL。

Pharmacia 公司的 Streamline SP 和 Streamline DEAE 介质的比较见表 4.3。

表 4.3　Streamline SP 和 Streamline DEAE 介质的比较

比较项目	Streamline SP	Streamline DEAE
配体性质	强阳离子 —O—CH₂CH(OH)CH₂OCH₂CH₂CH₂SO₃⁻ 在整个操作 pH 值范围内,蛋白质容量维持量大	弱阴离子 —O—CH₂CH₂—N⁺(C₂H₅)₂H pH＝3～9内,带电基团随pH值而改变
pH 值工作范围	3～13	2～9
清洗 pH 值范围	3～14	2～14
化学稳定性	1 mol/L NaOH,70%乙醇,常见有机溶剂	1 mol/L NaOH,70%乙醇,常见有机溶剂
键合容量	≥60 mg LYSO/mL(pI=11.0)	≥ 40 mg BSA/mL(pI=6.0)

Streamline SP 配体：$—O—CH_2CH(OH)CH_2OCH_2CH_2CH_2SO_3^-$

Streamline DEAE 配体：$—O—CH_2CH_2—N^+(C_2H_5)_2H$

三、操作模式和流出曲线

1. 操作模式

在扩张柱床吸附技术中，直接以未澄清的细胞悬浮液或匀质液反向上样（正向会使柱子堵住），使介质在吸附和富集目标产品的同时，杂质和细胞碎片等未被吸附而从上面流出，然后反向用洗脱液洗脱收集，收集浓度和纯度较高的目标产品。见图 4.7。

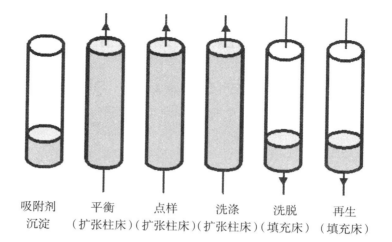

吸附剂　　平衡　　点样　　洗涤　　洗脱　　再生
沉淀　　（扩张柱床）（扩张柱床）（扩张柱床）（填充床）（填充床）

图 4.7　扩张柱床吸附技术的操作过程

当向上的流体向上冲动时，当颗粒沉降和向上流体的冲力之间达到平衡时，吸附剂颗粒悬浮液就会达到平衡，精细的颗粒分布和高的密度产生了一个稳定、均匀的扩张柱床，较小较轻的颗粒平衡在柱的上部，而较大较重的颗粒则分布在柱子的下部，使它们不会产生返混现象。因此，选择合适的流速在扩张柱床吸附技术中尤为重要。

2. 流出曲线

在扩张柱床吸附技术中，典型的流出曲线见图 4.8。其中，第一个强吸收峰表示未被吸附物质的流出峰（反向冲洗），而第二个弱吸收峰表示目标成分的洗脱峰（正向洗脱）。

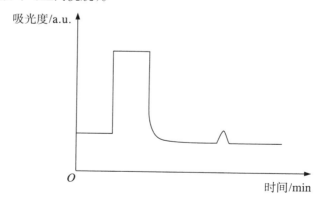

图 4.8　扩张柱床吸附技术的流出曲线

四、扩张柱床吸附技术的应用

扩张柱床吸附技术可广泛应用于 *E.coli* 包涵体、胞内、外膜、胞外分泌以及酵母菌、动物杂交瘤、昆虫细胞等表达的重组蛋白质的初步纯化，亦可用于单抗及天然酶的初步纯化。

例 1：IL-8 的纯化（包涵体形式表达）

IL-8 的分子量约为 8 300，等电点约为 9.0，以包涵体形式表达于大肠杆菌细胞中。以往包涵体用 6 mol/L 盐酸胍溶解后，再稀释几十倍复性使体系体积很大，大量沉淀物经高速离心才能进行下游层析纯化，而高速离心的处理量往往成为下游产量和时间上的限制因素。

用扩张柱床吸附技术可以直接捕获复性后溶液中的 IL-8，洗脱体积仅为 1.1 L，浓缩了十倍，回收率达 97%，不仅减小了处理过程的损失，样品体积也不再是处理量的限制因素，整个纯化过程用时约 4 小时。

6.7 L 发酵液，4%（*m/V*）干重量，收集细胞 263 g，破碎

↓

悬于约 500 mL 6 mol/L 盐酸胍中，包涵体溶解后约 755 mL

↓

两步稀释复性，得到约 12 L 包含沉淀的溶液（pH=6.6）

↓

直接上 300 mL Streamline SP（Streamline50 柱）

平衡时间：1 小时（300 cm/h，平衡液 30 mmol/L Na_3PO_4，pH=6.5）

上样时间：2 小时（300 cm/h，样品）

清洗时间：0.5 小时（300 cm/h，平衡液 30mmol/L Na_3PO_4，pH=6.5）

洗脱时间：0.5 小时（100 cm/h，洗脱液为平衡液+0.5mol/L NaCl，pH=6.5）

例 2：*E.coli* 胞内表达抗凝血酶 Annexin V（可溶性表达）

抗凝血酶 Annexin V 分子量约为 34 000，等电点约为 4.9，以可溶形式表达于大肠杆菌细胞中。可溶形式重组蛋白质表达量往往不高（Annexin V

表达量仅9%），容易降解，快速的粗分离和蛋白质捕获是下游处理的关键，用 Streamline DEAE 处理仅用 2.5 小时，Annexin V 含量提高至20%，回收率达95%。

50 L 发酵液，3.6%（m/V）干重量约 2 000 g，收集细胞

↓

破碎三次，加入 1% Triton X-100，体积为 26.5 L，pH=5.5

↓

上 Streamline200 柱（4.7 L Streamline DEAE）

平衡时间：18 min（300 cm/h，平衡液 30 mmol/L NH$_4$AC，pH=5.5）

上样时间：18 min（300 cm/h，样品）

清洗时间：48 min（300 cm/h，平衡液 30 mmol/L NH$_4$AC，pH=5.5）

洗脱时间：22 min（100 cm/h，洗脱液为平衡液+0.25mol/L NaCl，pH=5.5）

最后洗脱体积 10 L，浓缩 32.7 倍。

要注意的是，在扩张柱床吸附技术的实际操作中，扩张柱床的反向平衡、上样和冲洗可以用较高的线流速（如 300 cm/h），而在最正向洗脱时应用较低的流线速（如 100 cm/h），以使目标成分得到充分洗脱，从而使目标产品的质量回收率较高。

第三节　双水相萃取

相对于传统的有机相-水相溶剂萃取体系，双水相萃取（Aqueous Two Phase Extraction，ATPE）是一种全新的替代品。当两种亲水聚合物，或者一种亲水聚合物与一种盐溶液，在适当浓度下混合在一起时就形成了双水相系统。双水相系统中两个相含水量都很高（70%～90%），特别适宜提取水溶性的蛋白质（如酶）等生物活性物质，且不易引起蛋白质的变性失活，操作参数可按比例放大而产物收率一般并不降低。与传统的有机相-水相溶

剂萃取原理相似，双水相萃取也是依据物质在两相间的选择性分配而进行分离的。

一、双水相萃取的优点

与其他粗分离方法相比较，双水相萃取具有如下优点。

（1）蛋白质容易保持活性。双水相萃取中的两相都是水基相，在两相中都不含有机溶剂，特别适合于像 IFN-β这类不稳定的蛋白质的提取和纯化，从而避免在传统溶剂萃取法中蛋白质遇到有机溶剂时容易变性失活的问题。

（2）双水相萃取无须分离细胞碎片，可以直接从细胞破碎悬浮液中萃取蛋白质分子而达到固液分离和纯化的目的。一般层析和超滤法的第一步必须破碎细胞，得到的匀浆液黏度一般很大，且存在着细小的细胞碎片，靠离心分离它们十分困难，而用双水相系统既可除去这些细胞碎片，还可以对其中的蛋白质进行富集和分离。

（3）双水相萃取的富集能力远远大于它的分离能力，因此对于含量很少的蛋白质组分，用这种方法首先进行目的蛋白质的富集，可以使蛋白质回收率提高。

（4）双水相萃取适合于生物大分子的大规模和快速分离纯化，几乎可线性放大到生产规模。

当然，尽管双水相萃取体系可以用于蛋白质等生物大分子的富集和浓缩，但其分离效果较差。

二、双水相系统的形成

1. 双水相的形成

可形成双水相的双聚合物体系很多，如聚乙二醇（PEG）/葡聚糖（Dx）、聚丙二醇/聚乙二醇、甲基纤维素/葡聚糖等。双水相萃取中最常用的双聚合物系统是 PEG/Dx，该双水相的上相中富含 PEG，下相中富含 Dx。此外，聚合物与无机盐的混合溶液也可以形成双水相，例如，聚乙二醇/磷酸钾（KPi）、聚乙二醇/磷酸铵、聚乙二醇/硫酸钠等也常用于双水相萃取。聚乙二醇/无机盐系统的上相中富含 PEG，而下相中富含无机盐。

　　绝大多数亲水聚合物的水溶液在与另一种亲水聚合物混合并达到一定浓度时，就会形成两相，两种聚合物分别以不同的比例分配于互不相容的两相中，这样就形成了水分都占很大比例（85%～95%）的互不相溶的两相。例如，1.1%的右旋糖酐和0.36%的甲基纤维素的混合：

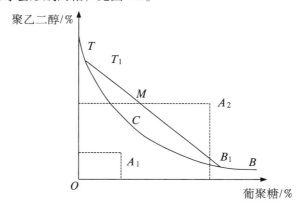

$$1 体积 1.1\% \atop 右旋糖酐} + {1 体积 0.36\% \atop 甲基纤维素} \left\{ \begin{array}{l} 上相：\begin{array}{l}0.37\%右旋糖酐\\0.65\%甲基纤维素\\98.98\%水\end{array}\\[2ex] 下相：\begin{array}{l}1.58\%右旋糖酐\\0.15\%甲基纤维素\\98.27\%水\end{array}\end{array}\right.$$

　　目前，用于生物大分子分离的双水相系统主要是聚乙二醇/葡聚糖和聚乙二醇/无机盐体系。这两种聚合物均无毒，且其中的多元醇或多元糖结构还能够提高蛋白质分子的稳定性。

2. 杠杆规则

　　聚乙二醇和葡聚糖分别都能与水无限混溶，只有当这两种聚合物达到一定浓度时才会形成两相，见图4.9。

图 4.9　聚乙二醇-葡聚糖-水系统相图示意图

　　在图4.9中，TCB 双节线把均匀区域和两相区域分隔开来，当系统处于双节线下面的区域（如 A_1 点）时，系统是均匀的一相；而当系统的组成位于双节线上面的区域（如 A_2 点）时，系统才会分成两相。在图4.9中，若 M 点代表整个系统的组成，上相和下相的组成分别为 T_1 和 B_1，则由杠杆规则可知，M、T_1 和 B_1 三点应该位于同一条直线上（系线），而且在同一条系线上的各点所形成的两相应当具有相同的组成，只是它们的体积不同而已。若 V_i 表示上下相的体积，则杠杆规则可以表示成：

$$\frac{V_{T_1}}{V_{B_1}} = \frac{\overline{T_1 M}}{\overline{MB_1}} \tag{2}$$

由式（2）可知，要使上相的体积增加，只能使 M 点靠近 B_1 点，以使线变长，也就是使葡聚糖含量增大，聚乙二醇含量减小。

3. 分配系数

与其他分离系统相似，生物大分子在两个水相间的分配情况也可以用分配系数 K 来描述，它的定义为：

$$K = \frac{c_上}{c_下} \tag{3}$$

式（3）中，$c_上$ 和 $c_下$ 分别为物质在上相和下相中的浓度。一般常见物质的分配系数在以下范围内：

各种细胞、噬菌体：$K \in (0.01 \sim 100)$；

蛋白质或酶：$K \in (0.1 \sim 10)$；

无机盐：$K \approx 1.0$。

三、影响物质分配的因素

一般地讲，影响物质在两个水相中分配的主要因素有以下几点。

1. 聚合物的种类和分子量

聚合物的疏水性对于被分离物质在两相中的分配具有很大影响。一些常见聚合物在水溶液中疏水性的大小次序为：

聚丙三醇＞聚乙二醇＞聚乙烯醇＞甲基纤维素＞羟醛葡聚糖

同一类聚合物的疏水性随其分子量的增加而增加，这种疏水性的差别对目标产物与相的相互作用的选择十分重要。例如，当用 PEG/(NH₄)₂SO₄ 系统萃取糖化酶时，若欲在上相中获得较高的蛋白质收率，用分子量为 400 的 PEG；而若欲在下相中获得较高的蛋白质收率，则应增加 PEG 的平均分子量。见表 4.4。

表 4.4　PEG/(NH₄)₂SO₄ 系统萃取糖化酶结果

萃取系统	$K_{c_上/c_下}$	Y(收率)/%	R(相体积比)
PEG400(31.36%)/(NH₄)₂SO₄(14.05%)	6.28	96.8	4.8
PEG1000(21.77%)/(NH₄)₂SO₄(12.76%)	0.26	43.5	3.0
PEG4000(12.67%)/(NH₄)₂SO₄(12.14%)	0.30	59.8	4.1
PEG6000(15.76%)/(NH₄)₂SO₄(12.34%)	0.03	2.1	1.2

2. 聚合物浓度

在相图的临界点附近，系线长度趋于零，上相和下相的组成几乎相同，分配系数接近 1；而随着聚合物或成盐浓度的增加，系线长度增加，上下相相对组成差别就越大，从而增加了物质在两相中分配的选择性。

当用 PEG400/$(NH_4)_2SO_4$ 系统萃取糖化酶时，若 $(NH_4)_2SO_4$ 浓度不变，增加 PEG400 的浓度有利于糖化酶在上相的分配，浓度为 25%～27% 时，K 可达 47.3；而当 PEG400 浓度为 26% 时，增大 $(NH_4)_2SO_4$ 浓度则分配系数增大，$(NH_4)_2SO_4$ 浓度最大可达 16%。

3. 离子环境的影响

各种正、负离子在双水相系统中会有不同的分配系数，一些离子在 8%PEG4000 和 8%Dextran 系统中的分配系数见表 4.5。

表 4.5 一些离子在 **8%PEG4000** 和 **8%Dextran** 系统中的分配系数

离子	$\lg K_{c_{上}/c_{下}}$	离子	$\lg K_{c_{上}/c_{下}}$
K^+	−0.084	I^-	0.151
Na^+	−0.076	Br^-	0.087
NH_4^+	−0.036	Cl^-	0.051
Li^+	−0.015	F^-	0.040

由表 4.5 可知，在 PEG4000 和 Dextran 系统中，正离子主要位于下相界面，而负离子则主要位于上相界面。由于电中性的约束，在两相之间存在着一个穿过相界面的电位差，又由于在双水相萃取系统中蛋白质分子都是带电的，因此这个电位差对荷电大分子在两相中的分配起着至关重要的作用。如在上述系统中加入 NaCl 或 KI，则可迫使带负电的蛋白质分子进入下相。

4. pH 值的影响

系统的 pH 值影响蛋白质分子中可以电离基团的电离度，从而改变蛋白质分子所带的表面电荷，影响其分配系数。同时，pH 值也会影响磷酸盐的解离程度，改变 $H_2PO_4^-$ 和 HPO_4^{2-} 的比例，使相间电位发生改变，从而影响蛋白质的分配系数。

要注意的是，pH 值的微小变化，有时可使蛋白质的分配系数改变 2～3 个数量级。

5．温度

双水相萃取一般在室温下进行，而对温度特别敏感的物质可以考虑在较低的温度下进行。

例：重组人生长激素（rh-GH）的提取

体系：6.6％ PEG4000/14％磷酸盐，pH＝7.0，相比 0.2。

样品：大肠杆菌细胞破碎后的 rh-GH，菌体含量 1.35％（干细胞质量/体积）。

过程：混合 5～10 秒即到达萃取平衡，K 为 6.4，rh-GH 位于上相，收率大于 60％，纯化系数为 7.8。若用三级错流萃取，总收率可达 81％，纯化系数可达 8.5。

四、几种新的双水相萃取

在传统双水相萃取的基础上，人们又发展了一些新的双水相萃取方法，采用这些方法有时可以更好地萃取一些生物大分子。

1．双水相系统与膜分离技术的结合

双水相系统与膜分离技术相结合，不仅可以解决双水相系统容易发生乳化和生物大分子在两相界面上的吸附问题，而且还能加快萃取速率。见表 4.6。

表 4.6　一些双水相萃取结合膜分离系统

萃取物	内侧流体流速/(cm·s⁻¹)	外侧流体流速/(cm·s⁻¹)	K	传质系数
肌红蛋白	磷酸盐(4.0)	PEG(5.0)	0.009	7.5×10^{-7}
过氧化氢酶	磷酸盐(16.3)	PEG(5.0)	0.120	2.8×10^{-5}
细胞色素 C	磷酸盐(16.3)	PEG(6.6)	0.180	5.5×10^{-6}
尿激酶	磷酸盐(16.3)	PEG(5.0)	0.650	2.0×10^{-4}

2．亲和双水相萃取

亲和双水相萃取就是在一种成相聚合物（PEG 或 Dextran）上接上一种与欲提取蛋白质有很强亲和力的亲和配基，形成亲和双水相系统，以提高欲提取蛋白质的分配系数和萃取效率。它一般可分为基团亲和配基型、染

料亲和配基型和生物亲和配基型三类。

应用亲和双水相萃取技术，有时可以大大提高被提取物的提取效率，如在 PEG 上可接上几十种配基，可分离几十种物质；而且亲和双水相萃取中的配基可反复使用，传质速率也较快，从而也可提高被提取物的提取效率。

例 1：IFN-β 提取

IFN-β 是一种不稳定的蛋白质，用超滤或沉淀法提取时容易使其失活。由于发酵后总蛋白为 1 g/L 时，IFN-β 浓度仅为 0.1 mg/L，用一般的 PEG/Dextran 系统不能将其与其他杂蛋白有效分离。

体系：带电荷的聚乙二醇衍生物聚乙二醇磷酸酯（盐）。

结果：IFN-β 主要位于上相，杂蛋白主要位于下相，纯化倍数 350，当 IFN-β 为 1×10^9 U 时，回收率为 97%，活性 $\geqslant 1 \times 10^6$ U/mg 蛋白。

例 2：葡萄糖-6-磷酸化脱氢酶提取

用 Cibacron-Blue 2GA 和 Procion-Red HE-3B 亲和双水相提取葡萄糖-6-磷酸化脱氢酶与亲和层析效果的比较，见表 4.7。

表 4.7　亲和层析和亲和双水相提取葡萄糖-6-磷酸化脱氢酶分离效果的比较

配基	亲和双水相			亲和层析		
	收率 /%	处理量 (U·mL⁻¹)	染料浓度 (μmol·mL⁻¹)	收率 /%	处理量 (U·mL⁻¹)	染料浓度 (μmol·mL⁻¹)
Cibacron-Blue 2GA	90	120	20~24	95	100	12~15
Procion-Red HE-3B	60	20	2	85	35	2

由表 4.7 的比较可以看出，无论是在处理量上还是在回收率上，亲和双水相都比亲和层析效果要好。

第四节　反胶束萃取

反胶束（Reverse Micelles）是分散于连续有机相中的由表面活性剂所

稳定的纳米尺度的聚集体。表面活性剂分子一般由亲水憎油的极性头和亲油憎水的非极性尾部组成，将它们溶于极性的水中并使其浓度超过临界胶束浓度则会形成胶束聚集体。在反胶束溶液中，构成反胶束的表面活性剂的非极性尾部向外伸入非极性溶剂中，而极性头则向内排列形成一个极性核，此极性核具有溶解极性物质的能力。在含有此种反胶束的有机溶剂与蛋白质的水溶液接触后，蛋白质及其他亲水性的物质就能够溶于极性核内部的水中，由于周围的水层和极性基团的保护，蛋白质不与有机溶剂接触，从而保持了蛋白质分子的天然构象而不会造成失活，这个萃取过程就是反胶束萃取（Reverse Micelle Extraction，RME）。

一、反胶束萃取的特点

早在 20 世纪 70 年代，瑞士的 Luisi 等人就首先提出了用反胶束萃取蛋白质的设想，但并未引起人们的注意。直到 20 世纪 80 年代，生物学家们才开始认识到其重要性，后来荷兰的 van't Riet 和 Dekker，美国的 Gokelen 和 Hatton 等人首先进行了用反胶束萃取蛋白质的研究工作。近几十年来该项研究已经在国内外深入展开。与其他方法相比较，反胶束萃取的特点主要表现在以下几方面。

（1）反胶束萃取所使用的表面活性剂和有机溶剂成本都较低，且溶剂可反复使用。

（2）反胶束萃取的萃取率和反萃取率都很高，这样既有利于目标蛋白质的萃取分离，也有利于目标蛋白质的回收。

（3）构成反胶束的表面活性剂往往具有溶解细胞的能力，因此可直接用于从整细胞中提取蛋白质或酶。

（4）反胶束萃取很有可能解决外源蛋白质的降解，即蛋白质（胞内酶）在非细胞环境中迅速失活的问题。

二、反胶束的形成和特性

反胶束溶液是由表面活性剂分散于连续有机相中而自发形成的纳米尺度的聚集体。表面活性剂是反胶束溶液形成的关键因素。

1. 表面活性剂

表面活性剂是由亲水憎油的极性基团和亲油憎水的非极性基团两部分组成的两性分子。它可分为阴离子型表面活性剂、阳离子型表面活性剂和非离子型表面活性剂，在实际应用中，它们都可以形成反胶束。常用的表面活性剂及其相应的有机溶剂见表4.8。

表 4.8　常用的表面活性剂及其相应的有机溶剂

表面活性剂	有机溶剂	表面活性剂	有机溶剂
AOT	n-烃类($C_6 \sim C_{10}$)、异辛烷、环己烷、四氯化碳、苯	Triton X	己醇/环己烷
CTAB	己醇/异辛烷，己醇/辛烷，三氯甲烷/辛烷	磷脂酰胆碱	苯、庚烷
TOMAC	环己烷	磷脂酰乙醇胺	苯、庚烷
Brij60	辛烷		

在反胶束萃取分离蛋白质中，最常用的阴离子型表面活性剂 AOT、阳离子型表面活性剂 CTAB 和非离子型表面活性剂 Triton X 分述如下。

1）阴离子型表面活性剂 AOT

在反胶束萃取蛋白质中，使用最多的阴离子型表面活性剂是 AOT（Aerosol OT），其化学名为丁二酸-2-乙基己基酯磺酸钠，结构式如下：

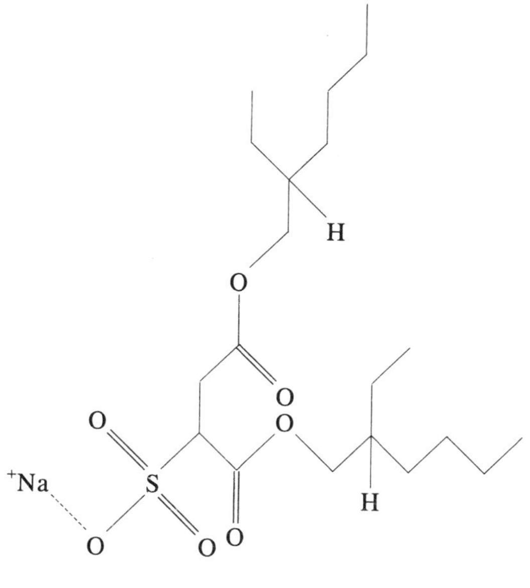

这种阴离子型表面活性剂容易获得，具有双链，极性基团较小，形成

反胶束时不需加入助表面活性剂，并且所形成的反胶束较大，半径可达 170 nm，有利于大分子蛋白质的进入。

2）阳离子型表面活性剂 CTAB

在反胶束萃取蛋白质中，使用最多的阳离子型表面活性剂是 CTAB（Cety-triethy-ammonium Bromide，溴化十六烃基三甲胺），其结构式如下：

与 AOT 不同，当将阳离子型表面活性剂 CTAB 溶于有机溶剂形成反胶束时，还需加入一定量的助表面活性剂，这是由它们在结构上的差异所造成的。

Mitchell 等人根据堆砌几何模型推断，存在反胶束的必要几何条件是堆砌率 P：

$$P = \frac{\dfrac{V}{L}}{a_0} \geq 1 \tag{4}$$

其中，V 表示碳氢链的平均体积，L 表示碳氢链的长度，a_0 为在反胶束表面的表面活性剂的极性头面积。AOT 是具有双链、极性头较小的表面活性剂，所以堆砌率较高，能够满足式（4）的要求，因此不用添加助表面活性剂；而 CTAB 是单链的表面活性剂，极性头相对较大，必须掺入助表面活性剂，在不影响 a_0 和 L 的情况下，提高碳氢链的平均体积 V，才能保证堆砌率大于 1。

3）非离子型表面活性剂 Triton X

在反胶束萃取蛋白质中，使用最多的非离子型表面活性剂是 Triton X（Polyethylene Glycol Octylphenol Ether，聚乙二醇辛基苯基醚），其中 Triton X-100 最常用，它的分子结构式如下：

这种非离子型表面活性剂的结构特点是单链、极性基团较小，形成反胶束时不需加入助表面活性剂。

2. 临界胶束浓度

临界胶束浓度（Critical Micelle Concentration，CMC）是胶束形成时所需表面活性剂的最低浓度。它是一个体系的特性，与表面活性剂的化学结构、溶剂、温度和压力等因素有关，其数值可通过测定各种物理性质的突变（如表面张力、渗透压等）来获得。

1）胶束与反胶束的形成

将表面活性剂溶于水中，当其浓度超过临界胶束浓度 *CMC* 时，表面活性剂就会在水溶液中聚集在一起而形成聚集体。在通常情况下，这种聚集体是水溶液中的胶束，称为正常胶束（Normal Micelles），其结构如下：

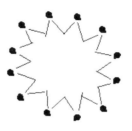

在胶束中，表面活性剂的排列方向是极性基团在外，与水接触，非极性基团在内，形成一个非极性的核心，在此核心可以溶解非极性的物质；若将表面活性剂溶于非极性的有机溶剂中，并使其浓度超过临界胶束浓度 *CMC*，便会在有机溶剂内形成聚集体，这种聚集体就是反胶束（Reverse Micelles），其结构如下：

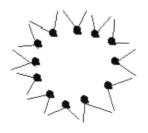

在反胶束中，表面活性剂的非极性基团在外与非极性的有机溶剂接触，而极性基团则排列在内形成一个极性核（Polar Core），这个极性核具有溶解极性物质的能力。在含有这种反胶束的有机溶剂与蛋白质的水溶液接触

后，蛋白质和其他亲水性物质就能够通过螯合作用进入这个极性核，由于周围的水层和极性基团的保护，保持了蛋白质的天然构型，使蛋白质能够保持生物活性。

　　2）反胶束的形状与大小

　　用于萃取蛋白质等生化物质的反胶束通常是球形的，也有人认为是椭球形或棒形的。反胶束的半径 R_m（或称平均半径）一般为 $10 \sim 100$ nm，可以由理论模型推算：

$$R_m = \frac{3 \times W_0 \times M_w}{a_{au} \times N_a \times \rho_w} \tag{5}$$

　　式中，M_w 和 ρ_w 分别为水的分子量和密度；N_a 为阿伏伽德罗常数；a_{au} 为每个表面活性剂分子在反胶束表面的面积，它与表面活性剂、水相和有机溶剂的特性有关，对于离子型表面活性剂，在室温下 $a_{au}=0.5 \sim 0.7$ nm²，可近似认为是一常数；W_0 为每个反胶束中水分子数与表面活性剂分子数的比值，假定表面活性剂全部形成反胶束并忽略有机溶剂中的游离水，则 W_0 可近似等于反胶束溶液中水与表面活性剂的摩尔浓度之比：$W_0 = c$（H₂O）/ c（Surfactant）。

　　从式（5）可以看出，R_m 与 W_0 成正比，因此可以通过测定与水相平衡的反胶束相所增的水量来判定反胶束的大小和每个反胶束中表面活性剂的分子数。在反胶束溶液与水相平衡的情况下，W_0 值取决于表面活性剂和溶剂的种类、助表面活性剂、水相中盐的种类和浓度等。对 AOT/异辛烷/H₂O 系统，当 W_0 为 50 时，反胶束的流体力学半径约为 18 nm，每个反胶束中的表面活性剂分子数为 1 380，而极性核表面的 AOT 分子的有效极性基团面积可达 0.568 nm²；而当 W_0 超过 60（最大含水量）时，透明的反胶束溶液将变浑浊，并发生分相。

　　此外，蛋白质分子一旦进入反胶束中后，就会使反胶束的结构（如大小、聚集数和 W_0 等）发生变化，这些变化的具体情况还在研究之中。

三、反胶束萃取的基本原理

1. 三元相图

　　对于一个由水、表面活性剂和非极性有机溶剂构成的三元系统，可能存在多种共存相。这些相之间的关系可用三元相图表示，图 4.10 是 AOT-

异辛烷–H_2O 系统的相图。

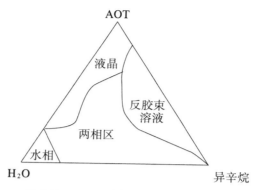

图 4.10　AOT–异辛烷–H_2O 系统的相图

从图 4.10 可以看出，能用于蛋白质分离的仅仅是位于底部的两相区，在此区域内的三元混合物分为平衡的两相：一相是含有极少量有机溶剂和表面活性剂的水相，另一相是作为萃取剂的反胶束溶液。

2. 反胶束萃取蛋白质

蛋白质分子进入反胶束溶液的过程是一种协同过程。在有机相和水相界面间的表面活性剂层同邻近的蛋白质发生静电作用而变形，接着在两相界面形成了包含有蛋白质的反胶束，这种反胶束由扩散而进入有机相中，从而实现了蛋白质的萃取。

反胶束系统中的水可分为结合水和自由水。结合水是指位于反胶束内部形成水池的那部分水，蛋白质在反胶束内的溶解情况可以用水壳模型（Water-shell Model）来解释：大分子的蛋白质被封锁在"水池"中，表面存在一层水化层与胶束内表面分隔开，从而使蛋白质不与有机溶剂直接接触。蛋白质分子溶入反胶束溶液的推动力主要包括表面活性剂与蛋白质分子之间的静电作用和位阻效应。

1）静电作用

在反胶束萃取系统中，表面活性剂与蛋白质分子都是带电的分子，因此静电相互作用肯定是萃取过程中的一种推动力。其中一个最直接的因素是 pH 值，它决定了蛋白质带电基团的离解速率及蛋白质的净电荷：当 pH = pI 时，蛋白质呈电中性；当 pH > pI 时，蛋白质带负电；当 pH < pI 时，蛋白质带正电荷。也就是说，随着 pH 值的改变，被萃取蛋白质所带电荷的符号和多少是不同的。因此，如果静电作用是蛋白质增溶过程的主要推动力，

对于阳离子型表面活性剂形成的反胶束体系，当萃取发生在水溶液的 pH >
pI 时，蛋白质与表面活性剂极性头间相互吸引；而当萃取发生在水溶液的
pH < pI 时，静电排斥将抑制蛋白质的萃取。对于阴离子型表面活性剂形成
的反胶束体系，情况正好相反。

2）位阻效应

许多亲水性物质，如蛋白质、核酸和氨基酸等，都可以通过溶入反胶
束的水池来达到它们溶于非水溶剂的目的，而反胶束水池的物理性能（大
小、形状等）及其中水的活度可以用 W_0 的变化来调节，并且会影响到蛋白
质等的增溶或排斥，以达到选择性萃取的目的，这就是所谓的位阻效应。

通常而言，反胶束溶液在 W_0 > 40 时，两相间界面张力 < 0.2 mN/m 时，
系统就不稳定了。可用于反胶束萃取的反胶束的最大半径 r_m = 6 nm，所以
反胶束萃取一般适用于分子量低于 100 000（r = 5 nm）的蛋白质分子。

四、影响反胶束萃取蛋白质的主要因素

蛋白质的萃取与蛋白质的表面电荷和反胶束内表面电荷间的静电作用
及反胶束的大小有关，所以，任何可以增强这种静电作用或导致形成较大
的反胶束的因素，都有助于蛋白质的萃取。

1. 表面活性剂的种类和浓度

阴离子型表面活性剂、阳离子型表面活性剂和非离子型表面活性剂都
可以形成反胶束，关键是应当从反胶束萃取蛋白质的机制出发，选择有利
于蛋白质表面电荷与反胶束内表面电荷间的静电作用和增加反胶束大小的
表面活性剂。增大表面活性剂的浓度可增加反胶束的数量，从而增大对蛋
白质的溶解能力。但是，表面活性剂浓度过高时，可能在溶液中形成比较
复杂的聚集体，同时会增加反萃取过程的难度。因此，应选择蛋白质萃取
最大时的表面活性剂浓度为最佳浓度。

2. 水相 pH 值

水相的 pH 值决定了蛋白质表面电荷的状态，从而对萃取过程造成影
响。只有当反胶束内表面电荷，也就是表面活性剂极性基团所带的电荷与
蛋白质表面电荷相反时，两者产生静电引力，蛋白质才有可能进入反胶束。
因此，对于阳离子型表面活性剂，溶液的 pH 值要高于蛋白质的 pI 值，反

胶束萃取才能进行；对于阴离子型表面活性剂，pH＞pI时萃取率几乎为零，只有当 pH＜pI 时，萃取率才急剧提高，这表明蛋白质所带的净电荷与表面活性剂极性头所带电荷符号相反，两者的静电作用对萃取蛋白质有利。但是，如果 pH 值很低，在界面上会产生白色絮凝物，并且萃取率也降低，这种情况可能与蛋白质的变性有关。

3. 离子种类

阳离子如 Mg^{2+}，Na^+，Ca^{2+}，K^+对萃取率的影响主要体现在改变反胶束内表面的电荷密度上。反胶束中表面活性剂的极性基团通常不是完全电离的，有很大一部分阳离子仍在胶团的内表面上（相反离子缔合），极性基团的电离程度愈大，反胶束内表面的电荷密度也就愈大，产生的反胶束也就愈大。表面活性剂电离的程度与离子种类有关，同一离子强度下的四种离子对反胶束的 W_0 的影响见表 4.9。

表 4.9　阳离子种类对 W_0 的影响

离子种类	离子强度	W_0
K^+	0.3	9.2
Ca^{2+}	0.3	15.4
Na^+	0.3	20.0
Mg^{2+}	0.3	43.6

由表 4.9 可知，极性基团的电荷密度按 K^+，Ca^{2+}，Na^+，Mg^{2+}的顺序逐渐增大，电离程度也相应地增大。

4. 离子强度

离子强度对萃取率的影响主要是由离子对表面电荷的屏蔽作用所决定的。盐与蛋白质或表面活性剂的相互作用，可以改变蛋白质的溶解性能，盐的浓度越高，其影响也就越大。

（1）离子强度增加后，反胶束内表面的双电层变薄，减弱了蛋白质与反胶束内表面之间的静电吸引，从而减少蛋白质的溶解度。

（2）反胶束内表面的双电层变薄，也减弱了表面活性剂极性基团之间的斥力，使反胶束变小，从而使蛋白质不能进入其中。

（3）离子强度增加时，增大了离子向反胶束内水池的迁移并取代其中蛋白质的倾向，使蛋白质从反胶束内被盐析出来。

例如，当研究 KCl 浓度对萃取核糖核酸酶 a、细胞色素 c 和溶菌酶的影响时，实验发现，在较低的 KCl 浓度下，蛋白质几乎全部被萃取；而当 KCl 浓度高于某一值时，萃取率就开始下降，直至几乎为零。

5. 反萃取条件的选择

对于反萃取的条件，一般根据蛋白质正向萃取的特性来考虑，即选择正向萃取率最低时的 pH 值、离子种类和浓度作为反萃取的最佳条件，当用 AOT-异辛烷-H_2O 系统萃取溶菌酶时，最佳水相 $pH < pI$（11.1，在 8 左右最好），而最佳盐浓度（KCl）为 0.2 mol/L，因此其反萃取的条件控制在 pH＝12.0，盐浓度控制在 1.0 mol/L，接触混合 6 分钟时，反萃取率就可达 99.6％，这说明只要反萃取条件控制合适，就能够达到定量回收蛋白质的目的。

在实际操作中，一般单靠调节反萃取液的性能，回收率常常都很低，这样人们又发现了一些新的方法。比如：

（1）用硅石从反胶束中反萃取出蛋白质；

（2）采用笼形水合物的形成，使反胶束中的蛋白质沉淀析出，即用高压气体与反胶团溶剂接触，使气体溶于溶剂中以降低溶剂相的密度，这时反胶束水池中的水就转变为笼形水合物而沉淀析出。

通过改变温度，使原先增溶在反胶束中的水成为一过量水相，分离出此水相后就可回收大部分的蛋白质。

五、反胶束萃取蛋白质的应用

1. 分离蛋白质混合物

分子量相近的蛋白质，由于它们的等电点不同及其他因素而具有不同的溶解度，可利用反胶束溶液的选择性溶解进行分离。例如，对于三种低分子量蛋白的混合物细胞色素 c、核糖核酸酶 a 和溶菌酶，通过控制水相 pH 值和 KCl 浓度可将它们分离出来。

2. 浓缩α-淀粉酶

用 TOMAC/异辛烷反胶束溶液对α-淀粉酶水溶液进行两级（混合—澄

清）连续萃取和反萃取操作，可使α-淀粉酶浓缩 8 倍，酶活力的得率约为 45%。如果在反胶束相中添加非离子型表面活性剂以提高其分配系数并增大搅拌转速提高其传质速率，则反萃取水相中的α-淀粉酶活力得率可达到 85%，浓缩 17 倍，反胶束相每次循环的表面活性剂损失可减少到 2.5%。

3. 从发酵液中提取胞外酶

采用浓度为 250 mol/m³ 的 AOT/异辛烷反胶束溶液从芽孢杆菌的全发酵液中提取和纯化碱性蛋白酶（一种洗涤酶，分子量 33 000），通过优化萃取过程参数，相对比活力可高达 6，三级错流操作时，酶的提取收率为 50%。这一过程和结果表明，利用反胶束萃取处理全发酵液不仅是可行的，而且可以使浓缩和纯化过程一步完成。

4. 直接提取胞内酶

反胶束萃取的另一个用途是可直接从发酵液中提取胞内酶，如用 CTAB/己醇-辛烷（1：9，*V/V*）体系反胶束溶液从棕色固氮菌细胞悬浮液中提取纯化胞内脱氢酶。菌体细胞在表面活性剂的作用下破裂，析出的胞内酶随即进入反胶束的水池，再通过加入合适的溶液改变环境，酶又能被反萃取，进入水溶液。

5. 反胶束萃取用于蛋白质复性

反胶束萃取的一个非常吸引人的应用是使蛋白质复性。重组 DNA 技术生产的大部分蛋白质必须溶于强变性剂中，以使它们能够从细胞中抽提出来，而除去变性剂，进行复性的过程通常要在非常稀的溶液下操作，以避免部分复性中间体的凝聚。有人用 AOT/异辛烷反胶束溶液萃取变性的核糖核酸酶，将负载有机相连续与水接触除去变性剂盐酸胍，再用谷胱甘肽的混合物重新氧化二硫键，使酶的活性完全恢复，最后由反萃取液回收具有完全活性的核糖核酸酶，总收率达到了 50%。

第五章   蛋白质的层析法分离和纯化

本章主要包括层析法概论、常用于蛋白质分离纯化的几种层析方法介绍，以及设计蛋白质分离纯化工艺时层析方法的选择等。

层析法概论一节主要介绍了层析法的特点、分离原理和分类，以及层析法的基本理论等。

离子交换液相层析法一节主要介绍了离子交换层析法的特点和分离原理、固定相的种类、流动相的组成，以及分离条件的选择等。

反相液相层析法一节主要介绍了反相层析法的特点和分离机制、反相层析的固定相和流动相，以及蛋白质在反相层析分离中分离条件的选择等。

疏水作用层析法一节主要介绍了疏水层析的优缺点、蛋白质在疏水层析和反相层析中分离过程的区别、疏水层析固定相和流动相，以及蛋白质在疏水层析分离中分离条件的选择等。

体积排阻层析法一节主要介绍了体积排阻层析的特点和分离原理、固定相和流动相的选择，以及应用体积排阻层析法分离蛋白质应注意的因素等。

亲和层析法一节主要介绍了亲和层析的特点和分离原理、亲和配体的连接方式，以及亲和层析中固定相和流动相的选择等。

新型层析介质和层析分离方法选择一节以 Hyper Diffusion 层析介质为例，介绍了新型层析介质的研发思路和分离特点，以及在设计蛋白质分离纯化工艺时层析方法和分离条件的选择等。

第一节　层析法概论

（1）1903 年，俄国植物学家茨维特（Tswett）在波兰华沙大学研究植物叶子的组成时，所用的吸附剂和洗脱液等实验条件如下：

吸附剂：碳酸钙粉末；

样品：植物叶子的石油醚萃取液；

洗脱剂：纯净的石油醚；

结果：三种颜色的六条带；

命名：Chromatographie。

（2）1906 年，《德国植物学杂志》上命名：Chromatography。此后 20 多年无人关心此事。

（3）1931 年，德国的 Kuhu 和 Lederer 用氧化铝和碳酸钙分离了α-胡萝卜素、β-胡萝卜素和γ-胡萝卜素。此后分离了 60 多种色素。

（4）1940 年，Martin 和 Synge 用塔板理论解释了液-液分配层析（固定相为吸附在硅胶上的水，流动相为某种有机溶剂）的机制，并且预测了用气相作流动相的可能。1952 年获诺贝尔化学奖。

（5）1956 年，荷兰的 van Deemter 发展了速率理论。

（6）1965 年，Giddings 奠定了色谱理论。

一、层析法的特点和分类

1. 层析法的特点

层析法具有高超的分离能力，其分离效率远远高于其他常见分离技术，如蒸馏、萃取、离心等。层析法的特点主要表现在：

（1）分离效率高；

（2）灵敏度高，一般 10^{-9} g；

（3）既可用于快速分析，也可用于大量制备（电泳和层析的比较）；

（4）应用范围广。

2. 层析法的分类

层析法可分为高压层析法和常压层析法，它们在操作上的主要差别见图 5.1。按分离机制分，常用的能够用于蛋白质分离纯化的层析法主要有离子交换层析法、反相层析法、疏水层析法、亲和层析法和凝胶排阻层析法。

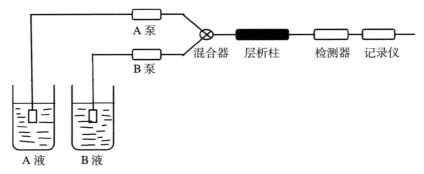

图 5.1A　高压层析法过程示意图

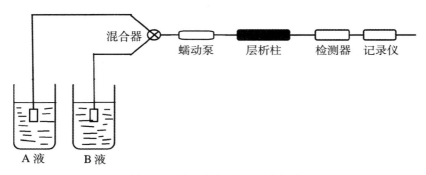

图 5.1B　常压层析法过程示意图

3. 分离原理

被分离物质在两相中分配系数的差异是所有物质色谱分离的根本原因。分配系数 K 是指在一定温度下，溶质在两个互不相溶的固定相和流动相之间的浓度之比。

$$K = \frac{C_s}{C_m} \tag{1}$$

式（1）中，C_s 表示溶质在固定相中的浓度，C_m 表示溶质在流动相中的浓度。

二、塔板理论

塔板理论将层析柱看成一个由若干层塔板组成的分馏塔，并且假定溶质在两相的分配是瞬间完成的，在塔板间无纵向扩散。通过物质在每层塔板中分配平衡的物理模型，给出一个描述溶质在层析中流出曲线的数学表达式。

$$C = \frac{m\sqrt{n}}{V_R\sqrt{2\pi V_R}}\exp\left[\frac{1}{2}\left(\frac{V_R-V}{V_R}\right)\right] \tag{2}$$

式（2）中：

C——流出曲线上任意一点溶质的浓度；

V_R——保留体积（从进样到层析峰最高点的体积）；

V——在色谱洗出曲线上任意一点的保留体积；

m——进样溶质的质量；

n——理论塔板数。

可将这个描述溶质在层析中流出曲线的数学表达式绘制成 C-V 关系图，见图5.2。

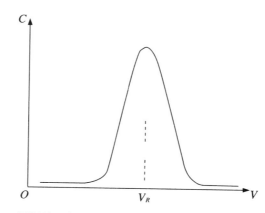

图 5.2　层析峰上任一点保留体积 V 时流出柱后的溶质浓度 C

由图5.2可见，在层析峰上任意一点保留体积 V 时流出色谱柱后的物质浓度 C 关系图，是以 V_R 为中心的对称高斯峰。由式（2）可以得出以下几个在描述层析峰时常用的参数。

1. 保留值

t_m：死时间（死体积）。

t_R：保留时间（保留体积）。

t_R'：表示 t_R 与 t_m 之差，调整保留时间（调整保留体积）。

$K' = \dfrac{t_R'}{t_m} = \dfrac{t_R - t_m}{t_m}$，容量因子。

几个参数的关系见图 5.3。

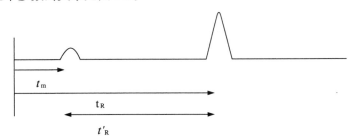

图 5.3   死时间、保留时间和调整保留时间之间的关系

2. 区域宽度

半高峰宽（$W_{h/2}$）：峰高一半处层析峰的宽度（CD）。

标准偏差（σ）：拐点之间距离的一半（AB/2）。

峰宽（W）：在洗出曲线拐点处作切线，与基线相交于 E 和 F，其宽度称为基线宽度。

理论上可以推导出半高峰宽（$W_{h/2}$）、标准偏差（σ）和峰宽（W）三者之间的关系。见图 5.4。

$$W = 4 \cdot \sigma \tag{3a}$$

$$W_{h/2} = 2\sqrt{2\ln 2} \cdot \sigma \tag{3b}$$

由于 $W_{h/2}$ 比较好测量，因此一般常用。

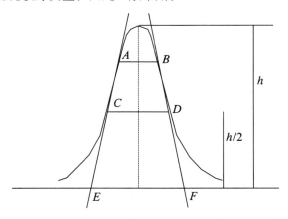

图 5.4   半高峰宽（$W_{h/2}$）、标准偏差（σ）和峰宽（W）之间的关系

3. 柱效和分离度

（1）柱效参数：理论板高 H、塔板数 n 和有效塔板数 n_{eff}：

$$H=\frac{L}{n}\ (mm) \tag{4}$$

$$n=16\ \cdot\ \left(\frac{t_R}{W}\right)^2=5.54\ \cdot\ \left(\frac{t_R}{W_{h/2}}\right)^2 \tag{5a}$$

$$n_{eff}=16\ \cdot\ \left(\frac{t_R'}{W}\right)^2=5.54\ \cdot\ \left(\frac{t_R'}{W_{h/2}}\right)^2 \tag{5b}$$

（2）分离度：如果两个层析峰峰高相当，分离度 R（Resolution）是二峰的峰顶距离除以两峰宽的平均值。

$$R=\frac{(t_{R_2}-t_{R_1})}{\frac{W_1+W_2}{2}} \tag{6}$$

当 $R=1$ 时，二峰有 5% 重叠，两峰分开程度为 95%。

当 $R=1.5$ 时，二峰分离达 99.7%，可视为达到基线分离。

三、速率理论

考虑到实际的纵向扩散和传质阻力，速率理论研究了板高 H 和流动相流速 v 的关系。它们之间的关系可以用式（7）表示。

$$H=A+\frac{B}{v}+C\cdot v \tag{7}$$

式（7）中：

A——涡流扩散项（固定相颗粒大小和分布以及填充程度的影响）；

B——纵向扩散项或分子扩散项；

C——传质阻力项。

其中，参数 A、B 和 C 各有自己的特征表达式。

利用上式可以绘制出 H-v 之间的关系图（图 5.5），并由此图可以预测操作的最佳流动相流速。

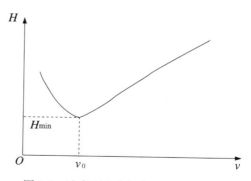

图 5.5　速率理论中板高和流速的关系

四、洗脱方式

常用的洗脱方式有等度洗脱、脉冲洗脱和梯度洗脱三种方式。

（1）等度洗脱：洗脱液强度（浓度）始终不变。此法操作简单，一般不太用于蛋白质在各种层析上分离时的洗脱，仅用于蛋白质的体积排阻层析洗脱。当此法用于蛋白质洗脱时，其最大缺点在于洗脱峰形不好。

（2）脉冲洗脱：洗脱液强度一般依次增大，以洗脱不同结合强度的蛋白质组分。脉冲洗脱操作相对简单，常用于蛋白质在各种层析上的分级分离洗脱，特别是用在蛋白质的亲和层析分离上。同样，此法的最大缺点在于洗脱峰形不好。

（3）梯度洗脱：洗脱液强度线性或非线性连续变化，各种吸附强度不等的蛋白质组分依次被从层析介质上洗脱下来。此法只有在梯度层析仪上才能进行，常用于除体积排阻层析外的蛋白质在各种层析上的分离。此法的最大特点是，被分离蛋白质分子之间的分辨率高，峰形也比较对称。

第二节　离子交换液相层析法

离子交换液相层析法（Ion-exchange Chromatography，IEC）是目前在生物大分子纯化中应用较为广泛的层析方法之一。在离子交换液相层析法中，基质由带有电荷的硅胶、树脂或纤维素组成，带正电荷的为阴离子交换剂，而带负电荷的为阳离子交换剂。蛋白质等物质也有等电点，当它们处于不同pH值条件下时，其带电状况也不同。阴离子交换介质结合带负电荷的蛋白质，而阳离子交换介质结合带正电荷的蛋白质，这样它们就被结合在柱子上，然后通过逐步增加洗脱液中的盐浓度或改变溶液的pH值等，将吸附在柱上的蛋白质分子洗脱下来。结合较弱的蛋白质分子首先被洗脱下来，而结合较强的蛋白质分子后被洗脱下来，从而达到分离的目的。离子交换液相层析法已广泛用于各学科领域，在生物化学和临床生化检验中主要用于分离氨基酸、多肽及蛋白质，也可用于分离糖类、核酸、核苷酸及其他带电荷的生物分子。

一、离子交换液相层析法的特点

由于分离机制比较简单和清楚，离子交换液相层析法是目前分离和纯化蛋白质时使用最多的层析方法。与其他层析法相比较，它具有以下几个明显的特点。

（1）流动相为盐水体系，蛋白质分离纯化条件比较温和，蛋白质分离时以活性状态存在。

IEC：静电力，较弱；RPLC 和 HIC：疏水力，较强。

（2）流动相使用盐水体系，价格便宜，而且对试剂纯度要求也较低。

（3）填料质量负荷较高，一般可达 50～200 mg（蛋白）/g（填料），能够满足工业化生产的需要。

（4）理论上，既可用 pH 值梯度，也可用盐梯度，适用性和灵活性强。

二、分离原理

1. 静电相互作用模型

1）蛋白质与介质之间的作用力

蛋白质在离子交换液相层析上的分离过程主要由蛋白质与配基之间的静电作用控制，其保留次序取决于配体与蛋白质间的静电作用力的大小，作用力大的保留时间较长，作用力小的保留时间较短。

2）蛋白质分子的带电情况

蛋白质分子的带电情况由溶液的 pH 值和其本身的等电点共同决定。蛋白质分子中都存在—R—COOH 和—R—NH$_2$ 基团，这样在酸性条件下会有如下反应发生。

$$R-NH_2 \ +H^+ \longrightarrow R-NH_3^+$$
$$R-COO^- \ +H^+ \longrightarrow R-COOH$$

$\left.\right\}$带正电

在碱性条件下会有如下反应发生。

$$R-NH_3^+ + OH^- \longrightarrow R-NH_2 + H_2O$$
$$R-COOH + OH^- \longrightarrow R-COO^- + H_2O$$

带负电

因此，在酸性条件下蛋白质分子带正电荷，而在碱性条件下蛋白质分子带负电荷。在中间某个 pH 值时达到蛋白质分子的等电点，蛋白质分子此时就呈中性而不带电荷。蛋白质的等电点与溶液的 pH 值无关，仅由蛋白质分子中氨基酸的类型和数量决定，它可由蛋白质的滴定曲线测定（图 5.6）。

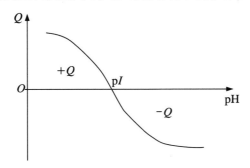

图 5.6　不同 pH 值下蛋白质分子的带电情况

由图 5.6 可以看出，当溶液 pH 值由低变高时，蛋白质电荷也由正-中-负顺序变化。

蛋白质分子的静电荷由溶液 pH 值和蛋白质的等电点来共同决定（图 5.7）。

pH＞pI：蛋白质带负电，只能在阴离子交换柱上保留。

pH＜pI：蛋白质带正电，只能在阳离子交换柱上保留。

pH＝pI：蛋白质不带电，蛋白质与固定相配体无作用，将不会保留。

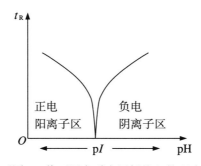

图 5.7　不同 pH 值下蛋白质在层析柱上的理论保留情况

2. 蛋白质的保留情况

理论上，尽管当溶液的 pH 值偏离蛋白质分子的等电点 pI 时，蛋白质分子会带电荷，但在实际操作中，只有当溶液的 pH 值偏离 pI 一个 pH 值以上时，蛋白质才有显著带电且会有保留。因此，在实际层析操作中，一般要求偏离 pI 至少一个 pH 值才可进行，一般常用 pH＞pI＋1 或 pH＜pI－1，但当 pH 值超过蛋白质的 pI 2～3 时，一般保留也不再增加。

α-淀粉酶（pI＝6.0）的保留情况见图 5.8A。

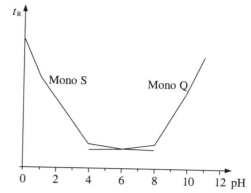

图 5.8A　不同 pH 值下 α-淀粉酶在层析柱上的实际保留情况

此外，在实际应用中，蛋白质分子的保留曲线与滴定曲线常常存在偏差，如伴清蛋白（pI＝6.0）在等电点时的保留就不为 0，见图 5.8B。

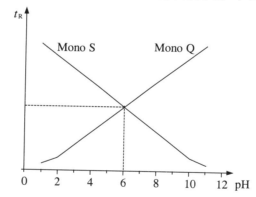

图 5.8B　不同 pH 值下伴清蛋白在层析柱上的实际保留情况

等电点时，蛋白质整体是电中性的，但由于氨基酸残基在蛋白质表面分布并不均匀，有些区域电荷多，有些区域电荷少，这些不均匀的分布将造成各种各样的电荷分布区域，使蛋白质表面有不对称的电荷分布；而在蛋白质的离子交换液相层析中，静电作用势最高的那个面将与交换剂表面进行作用，当 pH＝pI 时，静电势能最高的那个面的电荷常常不为 0，造成等电点时蛋白质仍有保留。

当然，也有可能是非离子交换性质在起作用。

三、固定相

1. 常用离子交换基团

在蛋白质的离子交换液相层析法分离纯化中，离子交换基团的分类和常见的离子交换基团见表 5.1。

表 5.1   离子交换基团的分类和常用离子交换基团

	阴离子	阳离子
弱（W）	—NH$_2$	—COOH
	—NHR	—CM
	—NRR′	
强（S）	—NR$_3^+$	—SO$_3$H
	—N$^+\equiv$	—PO$_4$H$_2$

几种在实验室常用的交换基团介绍如下。

（1）Diethylaminoethyl（DEAE，弱阴，pK=9.5）。

$$—O—C_2H_4—\overset{\overset{\displaystyle C_2H_5}{|}}{\underset{\underset{\displaystyle C_2H_5}{|}}{N^+}}H$$

（2）Quaternary Aminoethyl（QAE，强阴，pK=12）。

$$—O—C_2H_4—\overset{\overset{\displaystyle C_2H_5}{|}}{\underset{\underset{\displaystyle C_2H_5}{|}}{N^+}}—CH_2CH(OH)CH_3$$

（3）Quaternary Ammonium（Q，强阴，pK=12）。

$$—O—CH_2—\underset{\underset{\displaystyle OH}{|}}{CH}—CH_2—O—CH_2—\underset{\underset{\displaystyle OH}{|}}{CH}—CH_2—\overset{\overset{\displaystyle CH_3}{|}}{\underset{\underset{\displaystyle CH_3}{|}}{N^+}}—CH_3$$

（4）Carboxymethyl（CM，弱阳，pK=3.5）。

$$—O—CH_2—COO^-$$

（5）Sulphopropyl（SP，强阳，pK=2.6）。

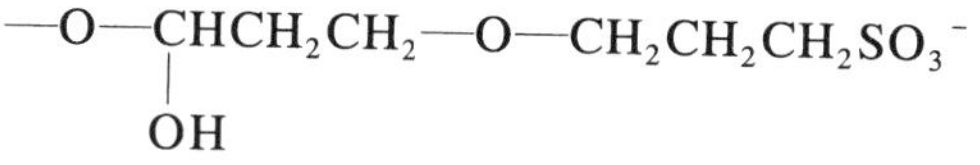

$$-O-CHCH_2CH_2-O-CH_2CH_2CH_2SO_3^-$$
$$\quad\quad\ |$$
$$\quad\quad OH$$

2. 固定相的合成

以硅胶基质的高压液相层析介质合成为例，在硅胶基质上键合不同配基反应的过程一般包括以下几步。

（1）硅胶基质的预处理：用酸回流处理后再烘干，主要是硅胶表面 Si—OH 的活化。

（2）在非水、通 N_2（防止空气中氧气的氧化反应）情况下进行反应。

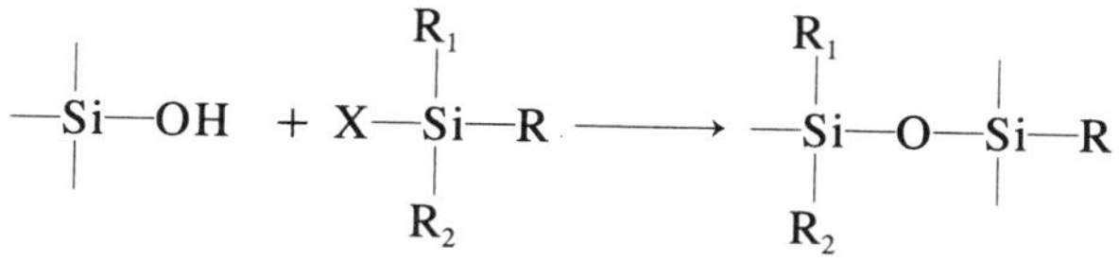

$$-Si-OH \ + \ X-Si-R \longrightarrow -Si-O-Si-R$$

其中：

X——Cl、OCH_3、OC_2H_5 等；

R_1 和 R_2——烷基，多为甲基；

R——特异性配体。

在上述固定相合成反应中，形成的 Si—O—Si—C 型键是目前认为比较稳定的化学键。

几个典型的固定相合成反应如下。

（1）CM 型。

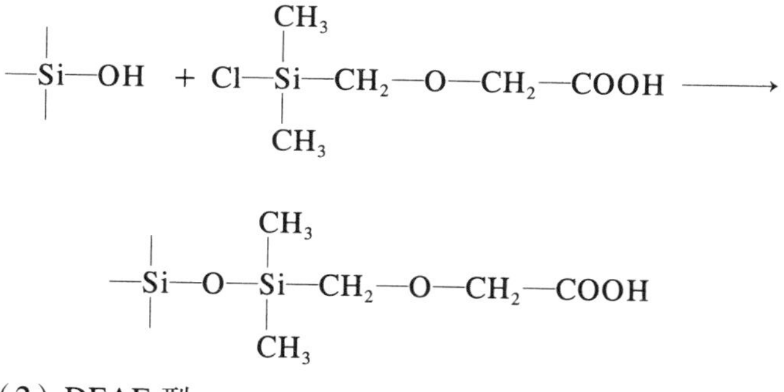

$$-Si-OH \ + \ Cl-Si-CH_2-O-CH_2-COOH \longrightarrow$$

$$-Si-O-Si-CH_2-O-CH_2-COOH$$

（2）DEAE 型。

$$-Si-OH \ + \ Cl-Si-CH_2-CH_2-CH_2-O-CH_2-CH-CH_2-Cl \ + \ HO-CH_2CH_2N(C_2H_5)_2$$

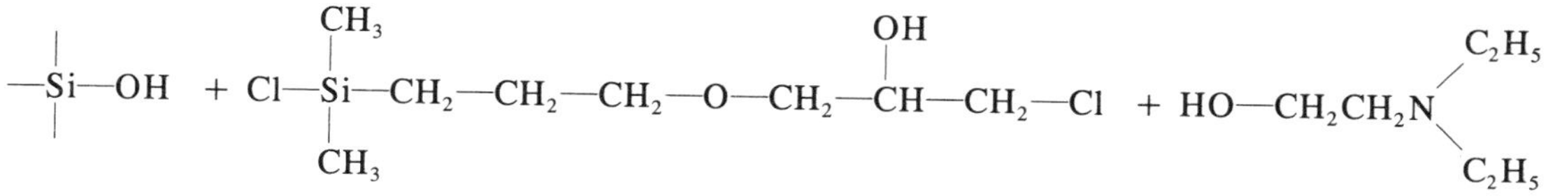

$$\longrightarrow \quad -\underset{|}{\overset{|}{Si}}-O-\underset{|}{\overset{CH_3}{\underset{CH_3}{Si}}}-(CH_2)_3-O-CH_2\underset{OH}{\overset{}{CHCH_2}}-O-CH_2CH_2\underset{C_2H_5}{\overset{C_2H_5}{N}}$$

（3）SO$_3$H 型。

对于 SO$_3$H 型介质的合成，可以先引入巯基，然后再进行衍生。

$$-\underset{|}{\overset{|}{Si}}-CH_2CH_2CH_2SH \xrightarrow{\text{KMnO}_4,\text{H}^+} -\underset{|}{\overset{|}{Si}}-CH_2CH_2CH_2SO_3H$$

应当注意的是，强离子交换剂与弱离子交换剂之间的区别，强仅仅表示介质在较宽 pH 值范围内呈交换性质，弱仅仅表示介质在较窄 pH 值范围呈交换性质。例如，对阳离子交换层析，若溶液 pH 值为 6（分离物质 pI 应在 6 之上），则 SP 介质在 pH=2.6～6.0 之间可用，而 CM 在仅在 pH=3.5～6.0 之间可用；对阴离子交换层析，若溶液 pH 值也为 6（分离物质 pI 应在 6 之下），则 Q 介质在 pH=6.0～12.0 之间可用，而 DEAE 介质仅在 pH=6.0～9.5 之间可用。

四、流动相

流动相在离子交换液相层析中既可作盐梯度，亦可作 pH 值梯度。在离子交换液相层析中，流动相的使用应注意以下几个问题。

1. 阴、阳离子的强度

固定离子强度和 pH 值时，阴、阳离子的洗脱能力如下。

柠檬酸根 > SCN$^-$ > I$^-$ > Br$^-$ > NO$_3^-$ > Cl$^-$ > H$_2$PO$_4^-$ > CH$_3$COO$^-$ > F$^-$

Ba^{2+} > Ca^{2+} > Mg^{2+} > K$^+$ > NH$_4^+$ > Na$^+$ > Li$^+$

在阴离子中常用 Cl$^-$，因为 Cl$^-$对蛋白质水化膜结构的影响较小。因此，Cl$^-$对蛋白的结构或构象几乎无影响。

2. pH 值

在蛋白质分子的离子交换液相层析分离中，可以通过选不同的 pH 值以增加选择性从而更好地分离蛋白质分子。在实际操作中，溶液 pH 值的选择主要同时考虑以下三个因素。

（1）层析柱的耐 pH 值和工作 pH 值范围。如 CM 介质在位清洗 pH 值为 2～14，长期应用 pH 值为 3～12，一般工作 pH 值为 6～12。

（2）被分离蛋白质分子的稳定 pH 值范围。

（3）被分离蛋白质分子的等电点。

具体条件优化见图 5.9。

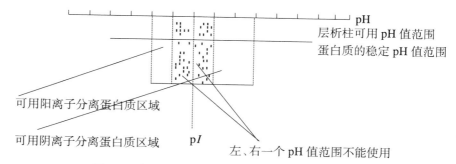

图 5.9　离子交换液相层析中蛋白质分离条件的选择

再如，在图 5.10 中，若要 A、B 和 C 三个蛋白质分子完全分离，选 pH_1 和 pH_2 均不合适，但若 A 或 B 是需要成分，则可分别选择 pH_2 或 pH_1 进行分离。

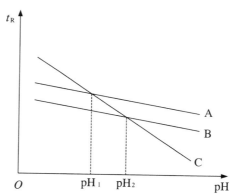

图 5.10　蛋白质在离子交换液相层析分离中 pH 值的选择

3. 温度

不适当的温度常造成蛋白质分子构象的变化，从而引起蛋白质分子表面电荷的重新分布，但温度的改变有时可改变分离的选择性。

4. 添加剂

添加剂主要是增加蛋白质分子的溶解度。常用的非离子去垢剂和两性离子去垢剂主要有 6.0 mol/L 脲、乙二醇、乙醇、丙酮等。

第三节 反相液相层析法

反相液相层析法（Reversed-phase Liquid Chromatography，RPLC）是指使用了非极性固定相的层析方法。20 世纪 70 年代，大多数液相层析是在未修饰的氧化硅或氧化铝上进行的，它们表面的化学性质是亲水性的，对于极性化合物具有更强的亲和力，因此称它们为正相层析（Normal Chromatography）。若采用烷基链共价键合到基质表面上则会倒换洗脱顺序，从而称为"反相"层析。因此，反相还是正相，是根据流动相相对于固定相的极性而言的。流动相极性强于固定相的，称作反相层析；而流动相极性弱于固定相的，称作正相层析。在反相液相层析法中，极性化合物先被洗脱出来，非极性化合物因为更亲于反相介质表面而被保留更长。

一、反相液相层析法的特点

反相液相层析法的优点主要表现在以下几方面。

（1）比其他层析分离效果好，检测灵敏度高；

（2）以有机溶剂作流动相，比盐更易从样品种中除去；

（3）因反相层析法分离效率更高，当分离蛋白质不失活时，本方法是除去产品热源质非常有效的方法之一。

反相液相层析法也存在着明显的缺点。

（1）使用有机溶剂作流动相，且填料多采用疏水较强的非极性配体，易使被分离蛋白质分子失活；

（2）有机溶剂的价格比盐昂贵且有毒性，易造成环境污染。

二、分离机制

反相液相层析法中溶质分离的机制有很多解释，比较有代表性的是 Horvath 用疏溶剂化理论的解释。

疏水效应：当一个非极性溶质分子或分子中的非极性部分与极性溶剂相接触时，它们之间会产生相互排斥，而不是相互吸引。

疏溶剂化理论：反相层析中溶质保留主要不是由于溶质分子与键合相之间弱的非极性相互作用（可以忽略不计），而是由于溶质分子与极性溶剂间的排斥力，促使溶质分子与键合相烃基发生疏水缔合。

如图 5.11 所示，这种溶剂分子与极性溶剂间的排斥力可以分解成两步：

（1）在溶剂中创造一个形状和大小与被分离溶质分子相适应的空腔所需的能量ΔG_c；

（2）被分离溶质分子进入空腔后与周围溶剂之间相互排斥作用的能量ΔG_{int}。

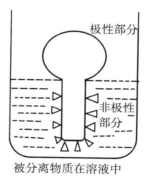

图 5.11 溶剂分子与极性溶剂间的排斥力

由上述过程可以获得描述流动相中溶剂浓度与被分离物质保留值之间的关系式。

$$\ln k' = \ln k'_w - S \cdot \varphi_B \tag{8}$$

式（8）中：

$\ln k'$——溶质保留值的对数值；

φ_B——流动相中有机溶剂的浓度；

$\ln k'_w$——流动相中有机溶剂浓度φ_B为 0 时的$\ln k'$；

S——斜率，与被分离物质与固定相之间的接触面积有关。

对于不同的体系，式（8）可以在一定溶剂浓度范围内描述溶液中溶剂浓度和被分离物质保留之间的关系。

三、固定相

传统非键合固定相易流失，分析和分离结果不稳定，使用键合固定相可克服此缺点。

在键合固定相中，分析型色谱一般在硅胶等硬基质上键合固定相配基，而制备型层析则一般在琼脂糖凝胶、琼脂凝胶和丙烯酰胺凝胶等软基质上键合固定相配基，它们的配基键合原理基本相同。

用于蛋白质分离的硅胶基质，一般粒度为 5 μm，孔径为 30~50 nm，耐压为 30 MPa，可在 pH≤8.0、0~60 ℃温度范围内使用。

当硅胶基质孔径在 6~10 nm 时，可耐压 60~70 MPa，一般仅用于分离小分子物质。孔径为 30~50 nm 的介质用于分离 30 000~100 000 分子量的蛋白质分子；孔径为 50~100 nm 的介质用于分离分子量 100 000 以上的蛋白质分子。硅胶基质的孔径一般不大于 100 nm，孔径太大，不但单位体积颗粒的总表面积和比表面积会减小（填料表面积的 95%在孔内，只有约 5%在孔外），而且耐压和质量负荷也相应减小，不利于蛋白质的分离。孔径和比表面积间的关系见表 5.2。

表 5.2   硅胶基质孔径和比表面积间的关系

孔径/nm	比表面积/($m^2 \cdot g^{-1}$)
10	250
30	100
50	50
100	20
400	5~10
1 000	3

蛋白质的反相液相层析中，在硅胶基质上键合反相配基的反应一般包括以下几个步骤。

1）硅胶基质的预处理

用酸回流处理后再烘干，主要是硅胶表面—Si—OH 的活化。

2）介质表面的烷基化

在非水、通 N_2（防止空气中氧的氧化反应）情况下进行以下反应。

$$—Si—OH \ + \ X—\overset{\overset{\displaystyle R_1}{|}}{\underset{\underset{\displaystyle R_2}{|}}{Si}}—R \ \longrightarrow \ —Si—O—\overset{\overset{\displaystyle R_1}{|}}{\underset{\underset{\displaystyle R_2}{|}}{Si}}—R$$

其中：

X——Cl、CH_3O、C_2H_5O 等；

R_1、R_2——烷基，多为甲基或乙基；

R——C_3、C_4、C_8、C_{18}（ODS）、CN、苯基等。

C_3 和 C_4 一般更适合用于蛋白质制备，因为更长链的配基疏水作用太强，容易使蛋白质分子变性（作用时间长，作用力太大），而且链越长蛋白质质量回收率越低；而 C_8 和 C_{18}（特别是 C_{18}）更适合用于蛋白质分析。

3）封尾

由于位阻效应，硅胶表面未反应的—Si—OH 未参加上述反应而可能残余，减小了硅胶表面的疏水性，容易对极性化合物（特别是碱性化合物）产生吸附，降低了键合相填料的稳定性，因此，必须对它们进行封尾处理，一般用三甲基氯硅烷进行封尾。

$$
\begin{array}{l}
—Si—O—\overset{\overset{\displaystyle R_1}{|}}{\underset{\underset{\displaystyle R_2}{|}}{Si}}—R \\[2em]
—Si—OH \quad + \quad Cl—\overset{\overset{\displaystyle Me}{|}}{\underset{\underset{\displaystyle Me}{|}}{Si}}—Me \\[2em]
—Si—O—\overset{\overset{\displaystyle R_1}{|}}{\underset{\underset{\displaystyle R_2}{|}}{Si}}—R
\end{array}
\quad \longrightarrow \quad
\begin{array}{l}
—Si—O—\overset{\overset{\displaystyle R_1}{|}}{\underset{\underset{\displaystyle R_2}{|}}{Si}}—R \\[2em]
—Si—O—\overset{\overset{\displaystyle Me}{|}}{\underset{\underset{\displaystyle Me}{|}}{Si}}—Me \\[2em]
—Si—O—\overset{\overset{\displaystyle R_1}{|}}{\underset{\underset{\displaystyle R_2}{|}}{Si}}—R
\end{array}
$$

四、流动相

蛋白质的反相液相层析分离、分析一般都用梯度洗脱，很少用等度洗脱。常用的有机溶剂主要有甲醇、乙腈、异丙醇和四氢呋喃等，同时在溶液中加入对离子试剂。

一般对离子试剂常用三氟乙酸（TFA），它的作用可能表现在两个方面：

（1）与蛋白分子形成离子对，使其在有机溶剂中更易于溶解；

（2）抑制硅胶键合相表面残留的硅氧基对蛋白质的二次吸附作用。

蛋白质的反相液相层析分离、分析中典型的 A 液是 $H_2O+0.1\%TFA$，而典型的 B 液是有机溶剂$+0.1\%TFA$。

五、分离条件选择

在蛋白质的反相液相层析分离、分析中，分离条件的选择主要考虑以下几点。

1. 溶液酸碱度

在反相液相层析中，溶液的酸碱度用不同 pH 值表示。

主要考虑蛋白质的稳定性范围、蛋白质的等电点（不要离 pI 太近，以免沉淀）以及固定相的稳定性范围（硅胶基质要求 pH$<$8.0）。

2. 有机溶剂

在反相液相层析中常用的有机溶剂有甲醇、乙腈、异丙醇和四氢呋喃（THF），它们的洗脱强度依次增大。

乙腈和异丙醇常用，甲醇、乙醇、THF 等不太常用。

由于异丙醇的洗脱强度更大，用浓度更低的异丙醇即可达到同样的洗脱效果，而且还可以更有利于保持蛋白质的活性。

另外，用多种有机溶剂如异丙醇、丁醇等的混合物。

3. 表面活性剂

表面活性剂常用来溶解蛋白质，尤其是疏水较强的膜蛋白。但 FDA 规定生物制剂的处理过程不能使用十二烷基硫酸钠（SDS）。

4. 温度

温度升高可改善蛋白质的保留时间和收率，但必须考虑蛋白质的变性温度。

一般分离前放置于低温下，能在低温下进行分离和分析最好。

第四节　疏水作用层析法

疏水作用层析法（Hydrophobic Interaction Chromatography，HIC）是利用样品中各组分与固定相之间疏水作用力的不同而进行分离的，主要分离对象是蛋白质。疏水作用层析法固定相的非极性比较弱，而流动相采用高浓度盐缓冲液进行梯度洗脱。温和的分离条件可以避免反相液相层析中由于固定相较强的疏水性和有机流动相引起的蛋白质不可逆吸附和变性，特别适用于活性物质的分离与纯化。疏水作用层析法的固定相表面为弱疏水性基团，其疏水性比反相液相层析固定相低很多，而流动相为高离子浓度的硫酸铵溶液。不同蛋白质分子上的疏水性基团与固定相的疏水性基团之间的疏水作用使它们被保留在固定相上，然后利用被分离蛋白质分子表面的疏水微区、可逆变性后暴露出的疏水残基或在高盐环境下暴露于分子表面的疏水残基与固定相疏水性配体之间的作用强弱依次用从高到低离子强度的洗脱液将疏水作用由弱到强的蛋白质分子进行分离，蛋白质分子按其疏水性大小依次被洗脱出来，疏水性小的先流出。疏水作用层析法具有蛋白质回收率高、变性可能性小等优势而主要应用于蛋白质的分离和纯化，成为分离血清蛋白、膜结合蛋白、核蛋白、受体、重组蛋白，以及一些药物分子，甚至细胞的有效手段。

一、疏水作用层析法的特点

疏水作用层析法是一种较新的分离、纯化蛋白质的方法，与反相液相层析法和离子交换液相层析法相比较，具有以下优点。

1）蛋白质活性回收率高

这主要基于以下三点原因。

（1）疏水作用层析法固定相上配体极性比反相液相层析法大，与蛋白质分子的作用力较弱，不易产生不可逆吸附。

（2）疏水作用层析法固定相上配体的密度较小，一般为反相液相层析法的 1/100，减少了蛋白质与配基的结合强度。

（3）用中性或接近于中性的盐，避免了在酸性及有机溶剂下某些蛋白质的变性问题。

2）成本低，污染少

流动相用盐水体系，成本低，而且减少了有机溶剂对环境的污染。

不过，疏水作用层析法也存在以下缺点。

（1）蛋白疏水性大小很难预测，不像 pI 那样可查表获得。用本法的分离情况一般很难预测。

（2）用盐浓度太大，对仪器损坏较大。

（3）一般仅能用于分离蛋白质分子，很少用于小分子物质的分离，不如反相液相层析法和离子交换液相层析法应用广泛。

二、分离原理

1．疏溶剂化理论

蛋白质在疏水作用层析法中的分离是依据蛋白质的疏水区域与固定相的疏水配基之间的疏水相互作用力的差别而进行的，其分离过程同样可用疏溶剂化理论来解释。

$$\ln k' = \ln k'_w - S \cdot M \tag{9}$$

式（9）中：

$\ln k'$——溶质保留值的对数值；

M——流动相中硫酸铵的质量摩尔浓度；

k'_w——当盐的质量摩尔浓度为 0 时的溶质保留值 k'，即纯水中的 $\ln k'$；

S——斜率，一个与蛋白质和配体之间相互作用的接触面积有关的常数。

2．流动相组成和溶液的表面张力

在蛋白质的疏水作用层析法中，体系的表面张力 γ 表示在一定温度 T 和压力 p 下溶质在固定相表面吸附时的吸附自由能变化（$\Delta G_{T,p}$）。在盐的水溶液中，盐的质量摩尔浓度与溶液的表面张力成正比，因此，溶液中加入盐后，溶液的表面张力就会增加，这样就会导致体系的自由能增加，蛋白质和固定相上配体之间的相互作用力就会增加；同样道理，随着体系中盐浓度的降低，蛋白质和固定相上配体之间的相互作用也会减小，蛋白质就会更容易洗脱下来。因此，在蛋白质的疏水作用层析法中，洗脱梯度中流动相中硫酸铵的浓度是由大向小变化的。见图 5.12。一般常用的是流动相中硫酸铵的浓度从 3.0～3.5 mol/L 变化到 0。

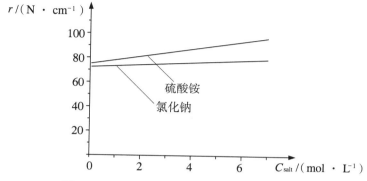

图 5.12　溶液中盐浓度和表面张力之间的关系

由图 5.12 可以看出：

（1）在同浓度下，硫酸铵溶液的表面张力要大于氯化钠溶液的表面张力；

（2）硫酸铵溶液的表面张力随盐浓度的变化要大于氯化钠溶液的表面张力随盐浓度的变化。

因此，在蛋白质的疏水作用层析法分离、纯化中，一般用硫酸铵而不是氯化钠。

不过，在反相液相层析中，由于随着有机溶剂浓度增加，溶液的表面张力减小，意味着蛋白质和固定相上配体之间的相互作用力减小。因此，当在反相液相层析中进行梯度洗脱时，有机溶剂的浓度是从小到大变化的。见图 5.13。

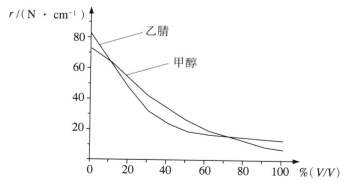

图 5.13　溶液中有机溶剂浓度和表面张力之间的关系

3. 与反相液相层析法的区别

疏水作用层析法与反相液相层析法的区别主要表现在以下三点。

1）温度的影响

疏水作用层析法中：$T \to$ 高，$k' \to$ 大。温度升高，原来位于蛋白质疏水内核的疏水基团外翻，使蛋白质与固定相配基的相互作用力加强，是由构象的微小变化而引起的。

反相液相层析法中：$T \to$ 高，$k' \to$ 小。温度升高，有机溶剂黏度降低，传质加快。

2）流动相浓度

疏水作用层析法中：高盐浓度吸附，低盐浓度洗脱。

反相液相层析法中：低有机溶剂浓度吸附，高有机溶剂浓度洗脱。

3）固定相配基的极性、浓度和疏水强度

表 5.3 为疏水作用层析法与反相液相层析法的固定相配基极性、浓度和疏水强度的比较。

表 5.3　疏水作用层析法与反相液相层析法的主要区别

比较项	疏水作用层析法	反相液相层析法
极性	无极性相间或短链无极性	多为非极性配体
浓度	低	高
疏水强度	疏水性弱不封尾	疏水性强一般封尾

三、固定相

与其他层析法固定相一样，疏水作用层析法固定相也有软、硬基质之分，固定相合成反应模式也同其他层析法。例如，在硅胶或琼脂凝胶（Sepharose）表面分别进行如下化学反应。

$$—Si—OH \;+\; X—Si—R \longrightarrow —Si—O—Si—R$$

或

$$Sepharose—OH \longrightarrow Sepharose—O—R$$

其中在疏水作用层析法中 R 大多为一些含 N 或 O 的中等疏水性有机基

团，主要有以下几种常见配基。

1）烷基醇或芳香醇

与 3-氯-1,2-环氧丙烷反应，首先将醇变成缩水甘油醚，然后再将其键合到凝胶上。

$$CH_2\underset{O}{\overset{}{\diagdown\diagup}}CH—CH_2—Cl \ + \ HO—R \longrightarrow CH_2\underset{O}{\overset{}{\diagdown\diagup}}CH—CH_2—R$$

$$\xrightarrow{Sepharose—OH} Sepharose—O—CH_2—CH_2—\underset{OH}{\overset{}{CH}}—O—R$$

其中，R 一般为烷基或芳基。

2）聚醚类

$$—\overset{|}{\underset{}{Si}}—(CH_2)_3—O—(CH_2—CH_2—O)_n—R$$

其中，R 一般为— CH_3、— C_2H_5 或—（ C_4H_9 ）$_n$（ $n=1,2,3$ ）

3）聚乙二醇类（PEG）

$$—\overset{|}{\underset{}{Si}}—(CH_2)_3—O—(CH_2—CH_2—O)_n—H$$

其中，n 通常为几十到几百。

到目前为止，人们对于疏水相互作用力及疏水作用了解得还不是很深入，因此一般在疏水作用层析法固定相的选择上很难凭理论依据进行，分离主要靠实践。基于此，一些公司推出了自己的疏水介质选择试剂盒，举例如下。

1）Pharmacia HIC Media Test Kit

1 mL plastic column，其中包含下面五种不同疏水性的介质。

—Phenyl Sepharose High Performance

—Phenyl Sepharose 6 Fast Flow （low sub）

—Phenyl Sepharose 6 Fast Flow （high sub）

—Butyl Sepharose 4 Fast Flow

—Octyl Sepharose 4 Fast Flow

2）RESOURCE HIC Test kit

1 mL Resource column，其中包含下面三种不同疏水性的介质。

—Resource 15 PHE （phenyl）

——Resource 15 ISO （isopropyl）

——Resource 15 ETH （ether）

四、流动相

在蛋白质的疏水作用层析法分离中,流动相的选择要注意以下几个问题。

1）离子强度

在蛋白质的疏水作用层析法分离中，降低离子强度使疏水作用减弱，为最方便和最常用的洗脱方式。高离子强度下，疏水作用加强，降低离子强度使疏水作用减弱，从而蛋白质按其疏水性由弱到强被洗脱下来。

2）添加剂

在反相液相层析法中，有机溶剂为强洗脱剂，水为弱洗脱剂；而在疏水作用层析法中，水为强洗脱剂，盐为弱洗脱剂。因此，常在反相液相层析法中加入一些盐来增加蛋白质的保留，或在疏水作用层析法中加入一些有机溶剂使蛋白质更易于洗脱。

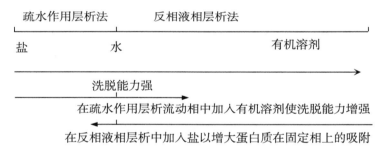

图 5.14　疏水层析和反相层析流动相洗脱强度的延伸

一些常见有机溶剂和盐的洗脱次序为：

$NaHPO_4 <（NH_4）_2SO_4 < NaCl < H_2O <$甲醇$<$乙腈$<$异丙醇

其他一些试剂，如乙二醇、尿素、蔗糖等也可降低流动相的极性，使蛋白质保留减弱。

3）pH 值

蛋白质的疏水作用层析法分离、纯化一般在中性 pH 值范围内操作，但要注意蛋白质的等电点 pI，既不能使它不带电荷，也不能使它带电荷太多，以保证使其按疏水性进行分离。

4）温度

蛋白质的疏水作用层析法分离、纯化一般在室温或低于室温下操作。

第五节　体积排阻层析法

体积排阻层析法（Size Exclusion Chromatography，SEC）是根据多孔凝胶固定相孔隙的孔径大小与大分子样品分子的线团尺寸间的相对关系而对溶质进行分离、分析的一种层析方法。在这种层析方法中，样品分子与固定相之间不存在相互作用，层析固定相的多孔性凝胶仅允许样品中直径小于其孔径的组分进入，而直径大于其孔径的大分子不能进入凝胶孔洞而被完全排阻，只能沿多孔凝胶粒子之间的空隙通过层析柱，首先从柱中被流动相洗脱出来；中等大小的分子能进入凝胶中一些适当的孔洞中，但不能进入更小的微孔，在柱中受到一定滞留，较慢地从层析柱中被洗脱出来；较小的分子可以进入凝胶中绝大部分孔洞，在柱中受到更强的滞留，会更慢地被洗脱出；而溶解样品的溶剂分子，其分子量最小，可进入凝胶的所有孔洞，最后从柱中流出，这样就实现了具有不同大小分子样品的完全分离。在体积排阻层析法中，溶剂分子最后从柱中流出，这一点明显不同于其他液相层析法。根据所用凝胶的性质，可以将体积排阻层析法分为使用水溶液的凝胶过滤层析法（Gel Filtration Chromatography，GFC）和使用有机溶剂的凝胶渗透层析法（Gel Permeation Chromatography，GPC）。前者主要用于水溶液中多肽、蛋白质、生物酶、寡聚或多聚核苷酸、多糖等生物分子的分离、分析，而后者主要用于高聚物如聚乙烯、聚丙烯、聚苯乙烯、聚氯乙烯、聚甲基丙烯酸甲酯等的分子量的测定。

一、体积排阻层析法的特点

与其他层析法相比，体积排阻层析法具有以下特点。

（1）因为被分离物质和固定相之间没有其他相互作用，所以比其他液相层析法的保留时间要短很多，因此分离更快，溶质峰相对较窄。

（2）样品在层析中的保留时间不会超出层析柱中溶质的总体积，溶质的保留时间是可以预计的。这样可以很有把握地每隔一定时间进样，而不至于造成前后分离物质间的混杂，提高了仪器的使用效率。

（3）分离只依赖于分子的大小，不依赖于溶质在流动相和固定相间的相互作用，所以没有必要用梯度洗脱。

（4）由于不存在蛋白质与固定相之间的相互作用力，蛋白质的质量回收率一般接近于100%。

二、分离原理

在体积排阻层析法中，被分离的物质仅按溶液中分子体积大小的差别进行分离。其中分子柱的总体积 V_t 由以下几部分构成。

$$V_t = V_0 + V_1 + V_s \tag{10}$$

式（10）中：

V_0——柱中填料颗粒之间的体积，任何大小的分子均可进入；

V_1——填料颗粒中的孔体积，小分子完全可以进去，中等大小的分子能够进入一定的深度，而太大的分子不能进入；

V_s——填料基质的体积，任何大小的分子均不能进入。

在式（10）中，令：

$$V_e = V_0 + V_1 \tag{11a}$$

V_e 表示柱内小分子可以进入的空间。

某一大分子溶质在体系中的洗脱体积 V_E 可以表达成：

$$V_E = V_0 + K_d \cdot V_1 \tag{11b}$$

式（11b）中 K_d 可以理解为被分离物质的"分配系数"，其值应在 $0 \sim 1$ 之间。

$K_d = 0$，$V_E = V_0$ 时，被分离溶质分子大到进不了任何孔；

$K_d = 0$，$V_E = V_0 + V_1 = V_e$ 时，被分离溶质分子小到可以进到任何柱内的空间；

$0 < K_d < 1$，$V_E < V_e$ 时，溶质分子可以进入填料的孔中一定程度。

正是由于不同溶质分子具有不同的 K_d，造成它们的 V_E 不同而使它们得到分离。

在体积排阻层析法中，一般用 $\ln M_w$-V_E 作图来表示被分离蛋白质分子量的大小与它们的洗脱体积之间的关系。

$$\ln M_w = a + b \times V_E \qquad (12)$$

式（12）中，a 和 b 是两个参数，可以通过系列分子量大小的物质在柱上进行校正和测定。体积排阻层析法中蛋白质分子洗脱体积与分子量关系的典型图谱见图 5.15。

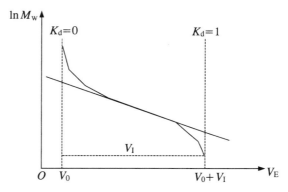

图 5.15　体积排阻层析法中蛋白质分子洗脱体积和分子量的关系

参照图 5.15，K_d 可以通过式（13）来计算。

$$K_d = \frac{V_E - V_0}{V_I} \qquad (13)$$

在体积排阻层析法中，柱子的排阻限是指当溶质分子大到刚进不去填料的孔内时的蛋白质分子的分子量，而柱子的线性范围是指 $\ln M_w$-V_E 呈线性的分子量范围，是一个柱子分离物质的选择性标志，利用它可以测定未知蛋白质的分子量。要注意的是，在体积排阻层析法中所测定的蛋白质分子量为整体分子量，相当于不加 SDS 的电泳一样。

三、固定相

蛋白质的体积排阻层析法中，尽管填料类型很多，但应用最为广泛的还是硅胶基质填料和聚合物基质填料。

1. 硅胶基质填料

硅胶基质具有较大的孔体积、较低的疏水性和较高的理论塔板数，可以耐受较高的压力。然而，它在碱性溶液中不稳定，而且表面的硅醇基很难全部封闭，易产生吸附作用。

最早用硅胶与缩水甘油基丙基硅烷进行反应制成亲水性的二醇基填料。

$$-Si-OH \ + \ H_3CO-Si-CH_2-CH_2-CH_2-O-CH_2-CH-CH_2$$

（分子式图，含 OCH_3 及环氧基 O）

$$\xrightarrow{\text{反应并水解}} -Si-O-Si-CH_2-CH_2-CH_2-O-CH_2-CH-CH_2-OH$$

（分子式图，含 OCH_3 及 OH）

这种填料稳定性较差。

现在常用硅胶表面改性过的聚合物涂层的二醇基填料，如环氧涂层等，这种填料稳定性较好。

$$-Si-O-Si-CH_2-CH_2-CH_2-O-CH_2-CH-CH_2-OH \ +$$

（分子式图，含 OCH_3 及 OH）

$$H_2C-CH-CH_2-O-CH_2-CH_2-O-CH_2-CH-CH_2 \xrightarrow{\text{环氧涂层}}$$

（分子式图，含环氧基 O）

$$-Si-O-Si-CH_2-CH_2-CH_2-O-CH_2-CH-CH_2-O-CH_2-CH-CH_2-O-CH_2-CH_2-O-CH_2-CH-CH_2OH$$

（分子式图，含 OCH_3 及 OH）

此类填料很像疏水性填料，但由于所用流动相为低盐，因此蛋白质与固定相之间的作用力较小。

2. 聚合物基质填料

聚合物基质填料主要是以有机高分子为基质的软凝胶。常用的有葡聚糖凝胶（如 Sephadex 等）、琼脂糖凝胶（如 Agarose）和聚丙酰胺凝胶（PAG）等。这类填料化学结构稳定，能适应很宽的酸碱度（pH＝1～12）。

四、流动相

在蛋白质的体积排阻层析法中，所用的流动相必须使蛋白质与固定相之间的相互作用力降到最小。一般用 $0.05 \sim 0.2$ mol/L 的盐，盐浓度太高时易产生疏水作用，太低时缓冲能力有限，且不能屏蔽掉静电相互作用。

在体积排阻层析法中，分离蛋白质分子时常在流动相中添加以下试剂。

（1）TFA、甲酸：离子对试剂，能抑制填料酸性基团的电离。

（2）脲、Gu·HCl：克服蛋白质与配体间的氢键作用，使一些难溶蛋白质分子更易于溶解。

在蛋白质的体积排阻层析法中，一般都是给定的柱子，流动相条件一般都随柱子给予了说明，分离只需按说明书条件操作使用，最多也就变变流速而已，不用梯度洗脱。

对分析型柱子，柱子的一般负荷为 10～500 μg，体积负载为 1%～2%；而对于分离型柱子，体积负载可达 10%。

五、应用体积排阻层析时应注意的事项

应用体积排阻层析法分离蛋白质时要注意以下几点。

（1）体积排阻层析法一般用到层析分离工艺的最后一步，因为体积排阻层析上样量非常小，若放到第一步则会影响整个工艺的处理量；而且体积排阻层析可以置换缓冲液，如将 Tris·HCl 换成 PBS 或醋酸盐缓冲液等。

（2）体积排阻层析法一般只有在被分离蛋白质在样品中的含量极微时才作为第一步，是因为使用它时蛋白质的质量回收率高。

（3）体积排阻层析法中所测的分子量是蛋白质分子的整体分子量，而通过 SDS-PAGE 所测的分子量是蛋白质分子各亚基的分子量，二者组合，才能得到蛋白质的整体结构状况。

（4）体积排阻层析法进行柱放大时，尽管直径可以放大，但流速一般不能放大，放大后分离效果可能很低。

第六节　亲和层析法

亲和层析法（Affinity Chromatography，AFC）将一对能可逆结合和解离的生物分子的一方作为配体与固相载体相偶联制成专一的亲和吸附剂，并以此亲和吸附剂作为填充层析柱，当含有被分离物质的混合物随着流动相

流经色谱柱时，亲和吸附剂上的配基就有选择地吸附能与其结合的物质，而其他蛋白质和杂质不被吸附而从层析柱中流出，然后再用适当置换剂或盐溶液使被分离物质与配体解吸附，即可获得纯化的目标产物。亲和层析法可广泛用于分离活性高分子物质、过滤性病毒和细胞或用于对特异的相互作用进行研究等。

一、亲和层析法的特点

与其他层析法相比较，亲和层析法具有如下特点。

（1）分离基于配体与被分离物质之间的特异亲和作用，选择性强，纯化效率比其他几类层析法高许多。

（2）既可用于生物大分子的分离，也可用于小分子物质的分离；既可将生物大分子作为亲和配体来筛选小分子物质，也可将小分子物质作为亲和配体来筛选生物大分子。

（3）在经典的亲和软胶和高效的硬胶基质上均可得到良好的分离效果，而其他几类层析法则在硬胶基质上分离效果好。

（4）一般仅用等度或脉冲洗脱，很少用梯度洗脱，板高和理论塔板等概念均无实际意义。

二、分离原理

蛋白质在亲和层析法中的分离、纯化过程可以用竞争吸附洗脱模型来描述，见图 5.16。

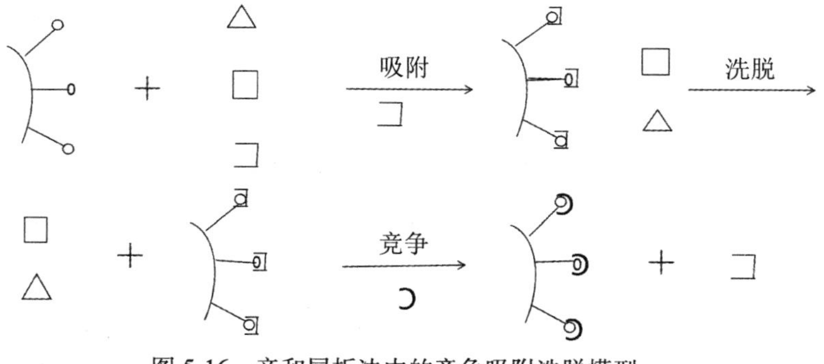

图 5.16　亲和层析法中的竞争吸附洗脱模型

其中要求置换剂"Ɔ"与亲和配基的结合能力比蛋白分子"□"与亲

和配基的结合能力要大，而且在结构上它们之间也往往存在某种相似性。

三、固定相

在蛋白质分子的亲和层析中，如果将生物大分子作为亲和配体来合成固定相，可以通过化学反应直接将其键合在载体基质上；而如果将小分子物质作为亲和配体来合成固定相，则不能通过化学反应直接将其键合在载体基质上，必须在载体与配基之间加入一个间隔臂。因为当亲和配基很小而要被分离的物质分子较大时，在载体与配基之间加入间隔臂能够更有效地使配基与蛋白质等生物大分子相结合。在这种情况下，其固定相的合成方式见图 5.17。

载体　　　　　　　　间隔臂　　　　　　　配体

图 5.17　亲和层析固定相的连接方式

在亲和层析法固定相合成时，对载体和间隔臂有一定的要求，并在此基础上通过合适的化学反应，将配基连接在载体基质上。

1. 对载体的要求

一般地讲，在亲和层析法固定相合成中，对载体具有以下要求。

（1）颗粒大小分布均匀，有均匀的孔径分布。

（2）填料的孔径允许不被结合的物质进行快速质量传递。

（3）有高的化学稳定性和机械稳定性。

（4）有良好的能够固定配基或间隔臂的基团。

常用的载体有 Agarose、Sepharose、硅胶、丙烯酰胺凝胶和合成聚合物等。

Agarose 和 Sepharose：表面易衍生，与蛋白质结合比较温和，应用 pH 值可在 8.0 以上，但机械强度差，不能用到高流速上。

硅胶：粒度为 $3 \sim 10\ \mu m$，孔径为 $6 \sim 100\ nm$ 均可得到，强度高，可耐高压，但 pH 值大于 8.0 时不稳定。

2. 对间隔臂的要求

在一些情况下，配体可直接连接在载体上，但在多数情况下，特别是配体为小分子而分离物为大分子时，由于载体的几何位阻常常限制分离物与配基的结合，一般用间隔臂来解决这个问题。合成亲和层析法固定相时，一般对间隔臂的要求如下。

（1）长度合适，太长时自身折返，有效长度可能比自身更短；而太短则达不到目的，一般用 10～20 Å。

（2）与分离物不进行非特异性吸附，不能带太多的电荷，不能有太强的疏水性。

（3）有连接配体和载体的双功能基团。

一般常用的间隔臂有以下几类。

（1）烃类。

$$—O—\overset{\overset{\displaystyle NH}{\|}}{C}—NHCH_2CH_2CH_2CH_2CH_2CH_2—NH_2$$

（2）聚胺类。

$$—O—\overset{\overset{\displaystyle NH}{\|}}{C}—(NHCH_2CH_2)_3—NH_2$$

（3）聚醚类。

$$—O—CH_2CH_2—O—CH_2CH_2—O—CH_2CH_2OH$$

3. 亲和配体

在蛋白质分子的亲和层析法分离中，特异型亲和配体和通用型亲和配体经常都会用到。

1）特异型亲和配体

这种配体只针对单一的物质进行特异的结合，与其他物质不相互作用，选择性高，使用方便。如抗体-抗原、激素-受体、蛋白-受体等。

2）通用型亲和配体

在一定条件下可与一类或几种生物分子作用，其配体一般为简单的小分子。常用的包括以下三类。

（1）三嗪染料类：三嗪染料类配体为多环芳香族的磺化物。此类主要与蛋白质以疏水力和静电力相互作用而结合，目前结合机制仍不清楚。

（2）金属螯合物：过渡金属离子 Fe^{2+}、Ni^{2+}、Cu^{2+}、Zn^{2+} 等用亚氨二乙酸类螯合剂固定作为配体，可与电子供给体的 N、S、O 等原子以配位键结合。这类配体与被分离物质主要以配位键和静电力相互作用而结合，常用的是在蛋白质上组合多个组氨酸标签（His-tag），使它们与过渡金属离子结合。

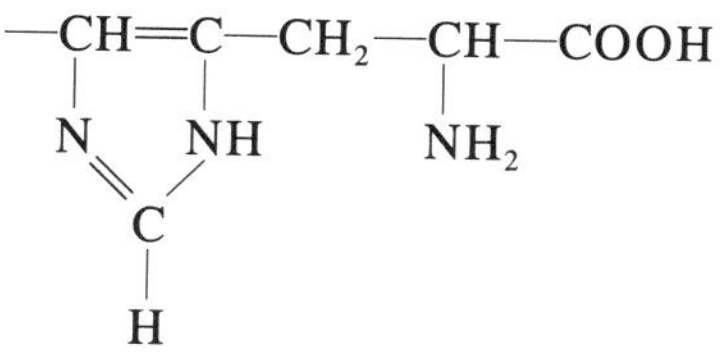

$$-CH=C-CH_2-CH-COOH$$

组氨酸是一个较好的通用型配体，疏水性较强，咪唑环使电荷转移的可能性小，其蛋白质的作用主要有配位键、静电作用和疏水力。

（3）Con A：Con A 对糖蛋白具有较强的亲和力，可以从混合液中将糖蛋白分离出来。

4. 固定相的合成

以高效液相层析法固定相合成为例，以硅胶为基质的固定相的合成常用 γ-缩水甘油基丙基三甲氧基硅烷，它可用于水溶液或非溶液中。

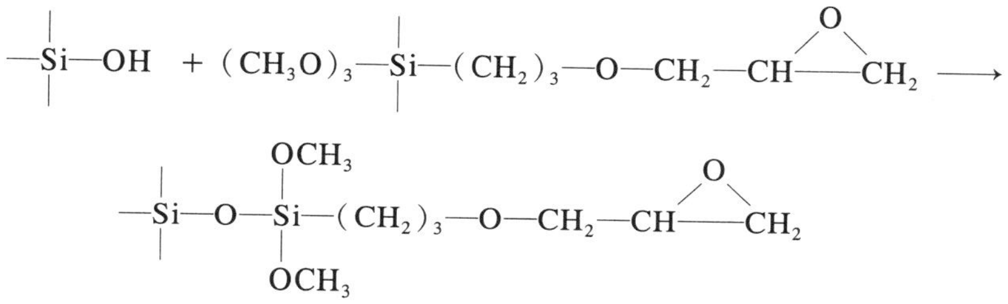

$$-Si-OH \ + \ (CH_3O)_3-Si-(CH_2)_3-O-CH_2-CH \overset{O}{\triangle} CH_2 \longrightarrow$$

上述的环氧-硅胶可进行以下几类反应。

1）形成双醇-硅胶

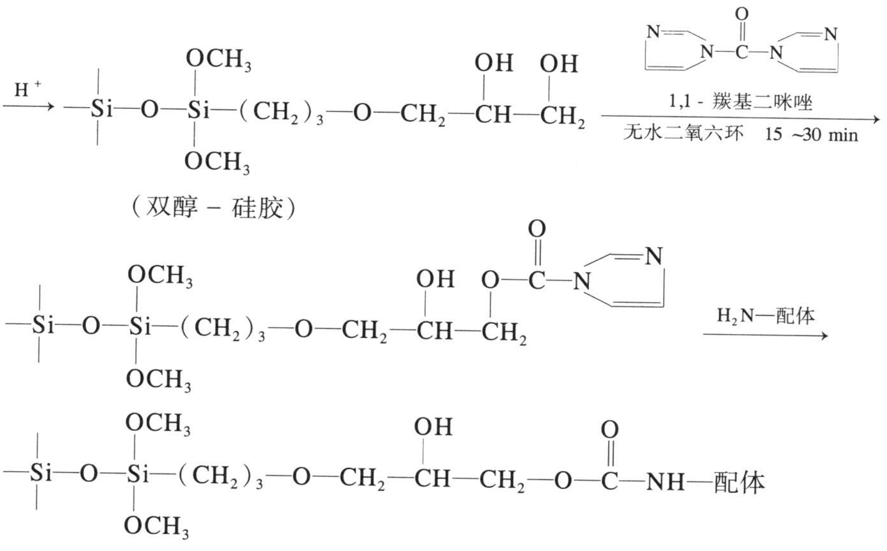

（双醇－硅胶）

2）直接反应

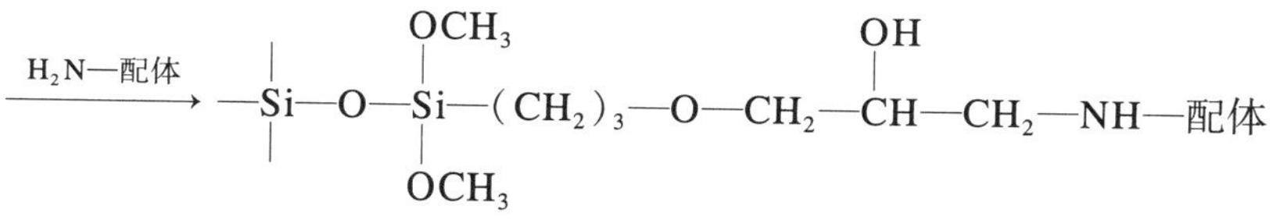

3) 形成醛基-硅胶

$$\xrightarrow{H^+/IO_4^-} \quad -\underset{\underset{OCH_3}{|}}{\overset{\overset{OCH_3}{|}}{Si}}-O-\underset{|}{Si}-(CH_2)_3-O-CH_2-\overset{\overset{\displaystyle O}{\|}}{CH} \quad \xrightarrow[NaBH_4]{H_2N-配体}$$

（醛基－硅胶）

$$-\underset{\underset{OCH_3}{|}}{\overset{\overset{OCH_3}{|}}{Si}}-O-\underset{|}{Si}-(CH_2)_3-O-CH_2-CH_2-NH-配体$$

5. 固定相的选择

在蛋白质分子的亲和层析法分离中，配体的选择完全取决于自己的实验条件和手边有的配体种类。

如 IL-1 的分离，可选择受体和单抗两种分离介质。若选择受体，则有活性的 IL-1 可以与之作用，无活性的 IL-1 不与其作用；若选择单抗，有活性、无活性的 IL-1 均可与其作用。

四、流动相

在蛋白质分子的亲和层析法中，原则上，若被分离物与配体的结合常数较小时，用等度和洗脱能力弱的洗脱剂即可洗脱，一般用盐；但当被分离物与配体的结合常数较大时，一般采用特异性洗脱方式。

下面是两个用特异性洗脱方式洗脱的例子。

（1）如鸡卵白蛋白（OVA）用 0.1 mol/L α-甲基-D-甘露糖苷洗脱。

（2）脱氢酶及其同工酶的洗脱：硅胶-AMP 对脱氢酶具有好的亲和力，可用来分离脱氢酶及其同工酶。在柱上，先加入 NAD^++吡唑使之与乙醇脱氢酶（LADH）形成三元络合物洗出柱外，再加入 NAD^++丙酮酸酯使之与乳酸脱氢酶（LDH）形成三元络合物而达到分离。

此外，在蛋白质分子的亲和层析法研究中，常常会用到一种特殊的洗脱方式，停留洗脱。停留洗脱（Stopped-flow Elution）是通过停止流动相的流动，让脉冲进入柱子的竞争剂而在柱子中多停留一段时间，以保证样品在一次脉冲洗脱中可以完全洗脱，而且会使流出层析峰更窄一些。

第七节 新型层析介质和层析分离方法选择

层析的核心是分离介质，在层析的长期发展中，涌现出了许许多多新型介质，它们不但丰富了层析分离介质的种类，开拓了人们的思路，同时也给蛋白质的分离、纯化提供了更多选择。在本节中，我们以高扩散、高载量的 Hyper Diffusion 新型介质为例，对其发展思路、介质特点和结构加以介绍，并对在设计蛋白质分离、纯化工艺时层析方法和分离条件的选择原则做一介绍。

一、Hyper Diffusion 层析介质

1. Hyper Diffusion 层析介质的特点

Hyper Diffusion 层析介质是由 Biosepra 公司（世界第二大介质公司）生产的一种兼具硬球介质的高线性流速和软胶介质的高吸附容量，同时又分别克服了它们的低容量和重现性差的层析介质。这种层析介质将蛋白质纯化方法的拓展及大规模处理的速度和重现性提高到一个新的高度，分离可在 3~5 分钟之内完成，超过 2 m/h 线速度时的高动力学容量和分辨率，使得这种介质的分离效果和重现性比其他介质可提高 10~50 倍，而且这种介质从较低的线速度 30 cm/h 到较高的线速度 >200 cm/h，都能保持较高的动力学容量。

2. Hyper Diffusion™ 层析介质的结构

Hyper Diffusion™ 层析介质是综合了经典的软胶介质和硬球介质的特点而发展起来的一种新型层析介质。

（1）在经典的软胶介质中，当蛋白质分子在分离过程中扩散运动时，软胶介质具有较高的交换吸附点，较多数目的吸附点和蛋白质的自由扩散保证了这种介质具有较高的静态容量。然而，软胶介质具有较高水平的可压缩性，不能在较高的线速度下使用。尽管使用 Cross-linked 胶可以在较高的线速度下使用，但交联的结果会降低蛋白质分子的扩散，从而减小蛋白质分子能够到达吸附点的能力，同样也会导致高流速下吸附容量的降低。

（2）具有宽孔的惰性、球形不可压缩的珠（Beads）形介质能够在较高的线速度下进行层析分离，可以克服介质的压缩性问题。交换吸附点在珠内孔和外孔的表面，当在较高的线速度下进行层析分离时，这种结构的珠能够通过对流过程而加强扩散。这样，这种介质能够提供较高的流速，但是其吸附容量却较低。

（3）Hyper Diffusion™ Gel-in-a-shell。Hyper Diffusion™ 层析介质由具有特别扩散能力的亲水性胶填充孔体积的硬球性合成物制成，其成分已申请专利，未知。这种介质甚至在较高流速下也具有较大的蛋白质质量传质速率，它的亲水性胶占到整个介质体积的 60%，具有较高的吸附容量。同时这种介质也可用酸、碱直接消毒，可用 0.1～1.0 mol/L 的 NaOH 处理 30 分钟到几天进行消毒和再生，化学性能很稳定；机械稳定性也好，10～20 μm 介质可耐 200 bar，可用于反相液相层析法，35 μm 和 60 μm 介质可用于大规模制备；同时，这种介质的非特异性结合几乎可以忽略，蛋白质回收率一般大于 95%。

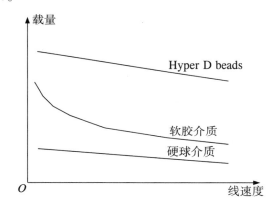

图 5.18　软胶、硬介质和 Hyper Diffusion™ 层析介质动力学载量的比较

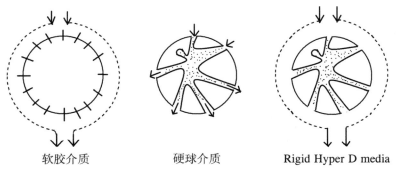

图 5.19　软胶、硬介质和 Hyper Diffusion™ 层析介质的流形比较

软胶、硬介质和 Hyper Diffusion™ 层析介质的比较见图 5.18、图 5.19 和表 5.4：

表 5.4　软胶、硬介质和 Hyper Diffusion™ 层析介质的比较

软胶介质	硬球介质	**Rigid Hyper D media**
蛋白质吸附点分布在胶网中	蛋白质吸附点分布在孔中的表面上	蛋白质吸附点分布在孔中的胶网中
液流从外表面流过，通过扩散作用进入网中与吸附点作用	液体从孔中流过，通过对流作用而与表面吸附点相互作用	液体从孔中流过，通过对流和扩散作用进入网中与吸附点作用
高吸附容量	低吸附容量	更高的吸附容量
有限的流速稳定性（在高流速时可压缩）	高的流速稳定性	更高的流速稳定性

3. Hyper Diffusion™ 层析介质

目前，Biosepra 公司开发的 Hyper Diffusion™ 层析介质有两种。

1）Ion Exchange Hyper D Media

Q Hyper D（35 μm，60 μm），80 mg BSA/mL，10 m/h；

S Hyper D（35 μm，60 μm）；

DEAE Hyper D（35 μm）；

CM Hyper D（35 μm）；

Q and S Hyper D （10 μm，20 μm），HPLC 3 000 psi（200 bar）。

2）Affinity Hyper D Media

Protein A Hyper D：Human lgGs，Murine lgGs；

Heparin Hyper D：生长荷尔蒙（Growth Hormones）；

Blue Hyper D：HsA Purification，Interferons；

Lysine Hyper D：Plasminogen，rRNA。

二、蛋白质层析分离工艺和分离条件的选择

1. 基本要求

当用层析法分离、纯化蛋白质分子时，对层析过程的基本要求如下。

1）梯度长度

当进行层析分离时，梯度长度一般要求 10～20 个柱体积，最好在 15 个柱体积以上。

2）上样

上样液中修饰剂浓度（无机盐、有机物及缓冲液浓度等）不得大于平衡液中的修饰剂浓度。

3）柱放大

柱放大一般遵循直径放大原则，只放大直径，不放大长度，这样才能保证流动相在不同柱中的线流速一致。如果不得已同时进行了直径和长度同时放大，则要考虑梯度长度的调整。

4）梯度洗脱模式

一般先用线性梯度进行洗脱，当被分离物质群出峰时间短且分离效果不好时，可以考虑改成凹型梯度洗脱方式；当被分离物质群出峰时间长且分散程度较大时，可以考虑改成凸型梯度洗脱方式。当然，在合适条件下，也可以将这三种洗脱方式结合起来使用。

2. 分离工艺和分离条件的选择

在蛋白质分子的层析分离、纯化中，仅仅靠一种层析方法往往不能得到足够纯度的蛋白质，而是在绝大多数情况下，要将这些工艺方法进行组合，以获得理想的分离效果。进行层析工艺组合时，要注意各种层析方法的特点。

1）离子交换液相层析法

进行层析工艺组合时，离子交换液相层析法既可以放在工艺的前面，也可以放在工艺的后面。如果与疏水作用层析法或反相液相层析法联用时，则要考虑硫酸铵浓度或有机物浓度的影响。前者太大时，蛋白质样品可能在离子交换液相层析柱上挂不住；而后者太大时，则可能会引起盐在有机溶剂中的沉淀。

2）反相液相层析法

进行层析工艺组合时，反相液相层析法既可放前也可放后，但一般不放于最后，因为要处理有机溶剂，同时也要注意有机溶剂对其他层析流动相的影响。

3）疏水作用层析法

疏水作用层析法既可放前也可放后，但一般不放于反相液相层析后，因为高浓度的硫酸铵可能会在有机溶剂中产生沉淀。同时也要注意高浓度硫酸铵对后续试验的影响。

4）亲和层析法

亲和层析法一般不用于第一步，以免对柱子造成不可逆吸附损害，而如果仅仅用亲和层析法进行分离时，样品一定要有好的前处理方法。在实际操作中，一般亲和层析法后面接体积排阻层析法，以便于除去亲和层析法流动相中的不需要成分或缓冲液。

5）体积排阻层析法

进行层析工艺组合时，体积排阻层析法一般不放于工艺的第一步（因为受上样量限制，体积排阻层析柱的上样量一般不能超过其柱体积的20%），而放于最后一步，以便于交换掉缓冲液成分（包括 pH 值）。但当样品中目标成分的含量特别低时，可考虑放于第一步，以减少样品中有效成分的损失。此外，不同于其他层析法，体积排阻层析法的流速不能按柱直径进行放大。

第六章　蛋白质的纯度检测和冷冻干燥

　　纯化后蛋白质的纯度检测一般常用层析法（特别是反相液相层析和体积排阻层析）和电泳法（聚丙烯酰胺凝胶电泳和毛细管电泳），其中的层析法检测原理和方法可参照上一章有关小节，本章主要介绍聚丙烯酰胺凝胶电泳和毛细管电泳检测。此外，不同于一般的小分子物品，由于大多数蛋白质分子在室温下活性都会有所损失，因此蛋白制品的最好方法是冷冻干燥，本章也对冷冻干燥做了介绍。

　　本章主要包括三部分内容，即聚丙烯酰胺凝胶电泳、毛细管电泳和冷冻干燥。

　　聚丙烯酰胺凝胶电泳一节主要介绍了蛋白质分子在电场中的运动、蛋白质电泳分离原理、凝胶电泳的支持介质、蛋白质电泳操作、常用的电泳方式和与电泳方法有关的蛋白质分析等有关内容。

　　毛细管电泳一节主要介绍了毛细管电泳的特点、工作原理、分析参数和毛细管电泳仪等内容。

　　冷冻干燥一节主要介绍了冷冻干燥过程的特点、冷冻干燥的原理、冷冻干燥的过程控制以及冷冻干燥过程的优化等内容。

第一节　聚丙烯酰胺凝胶电泳

　　聚丙烯酰胺凝胶电泳（Polyacrylamide Gel Electrophoresis，PAGE）是

以聚丙烯酰胺凝胶作为支持介质的一种常用电泳技术，用于分离寡核苷酸和蛋白质。聚丙烯酰胺凝胶是由丙烯酰胺单体和交联剂甲基双丙烯酰胺在催化作用下形成的三维网状结构物质。聚丙烯酰胺凝胶电泳有连续与不连续体系两种，前者指在整个电泳体系中的缓冲液 pH 值和凝胶孔径大小相同，主要用于核酸分析；后者除了电泳槽中的缓冲体系和 pH 值与凝胶中不同外，凝胶本身也由缓冲体系、pH 值和凝胶孔径不同的两种凝胶堆积而成，主要用于蛋白质样品的分析。在不连续聚丙烯酰胺凝胶电泳中，凝胶的制作是分层进行的，因此凝胶不仅有分子筛效应，还具有浓缩效应。与琼脂糖凝胶相比，聚丙烯酰胺凝胶难以制备和处理，尽管它的分离范围较窄，但由于是不连续的 pH 值梯度，样品被压缩成一条狭窄的区带，因而增强了分离效果，提高了分辨率。在实际操作中，聚丙烯酰胺凝胶电泳有两种形式，非变性聚丙烯酰胺凝胶电泳（Native-PAGE）和十二烷基磺酸钠-聚丙烯酰胺凝胶电泳（SDS-PAGE）。在前者中，蛋白质分子能够保持完整活性状态，并依据蛋白质的分子量大小、蛋白质的形状及其所附带的电荷量而逐渐呈梯度分开；而在后者中，蛋白质仅仅根据其本身亚基分子量的不同进行分离，而不涉及蛋白质的形状及其所附带的电荷量。

一、蛋白质分子在电场中的运动

1. 分子在溶液中的迁移和扩散运动

分子在溶液中的迁移和扩散运动可以用牛顿第二定律进行描述。

M 质量的分子在一个"势"μ（包括"内势"——化学势和"外势"——电场）中运动过程的动力 F_1 可以表示为：

$$F_1 = -\frac{\mathrm{d}\mu}{\mathrm{d}x} \tag{1}$$

而运动过程的阻力 F_2 可以表示为：

$$F_2 = f \cdot \overline{\frac{\mathrm{d}x}{\mathrm{d}t}} \tag{2}$$

式（2）中，f 为分子运动时与溶液之间的摩擦系数，$\overline{\frac{\mathrm{d}x}{\mathrm{d}t}}$ 为分子在 t 时的平均速度。

式（2）表明，分子在液体中所受的摩擦力与其运动速度成正比。由牛顿第二定律可知：

$$-\frac{\mathrm{d}\mu}{\mathrm{d}x}+f\cdot\overline{\frac{\mathrm{d}x}{\mathrm{d}t}}=\overline{\frac{\mathrm{d}^2x}{\mathrm{d}t^2}} \tag{3}$$

式（3）中，$\overline{\dfrac{\mathrm{d}^2x}{\mathrm{d}t^2}}$ 为分子运动的平均加速度。

对溶质分子而言，它在液体中所受的摩擦力是如此之大，以至于在一般情况下，它们能获得加速度的时间仅为 10^{-12} 秒，因此一般认为分子在平稳运动过程中的 $\overline{\dfrac{\mathrm{d}^2x}{\mathrm{d}t^2}}$ 为 0。这样，由式（3）可知，M 质量的分子在流体中的运动速度 U 可以写成：

$$U=\overline{\frac{\mathrm{d}x}{\mathrm{d}t}}=\frac{1}{f}\cdot\frac{\mathrm{d}\mu}{\mathrm{d}x} \tag{4}$$

分子所处的"势" μ 是由"内势" μ_{int} 和"外势" μ_{ext} 两部分构成：

$$\mu=\mu_{int}+\mu_{ext} \tag{5}$$

分子所处的"内势" μ_{int} 就是化学势，它可以表达成：

$$\mu_{int}=\mu_0+RT\cdot\ln C \tag{6}$$

式（6）中，μ_0 为分子的固有化学势（标准态），C 为分子在体系中的浓度。

外势为外加场所施加的势，它一般沿 x 轴方向梯度分布：

$$\mu_{ext}=g(x) \tag{7}$$

将式（5）、（6）和（7）代入式（4），可得：

$$U=\frac{1}{f}\cdot\frac{\mathrm{d}g(x)}{\mathrm{d}x}+\frac{RT}{f}\cdot\frac{\mathrm{d}\ln C}{\mathrm{d}x}$$
$$=v+D\cdot\frac{\mathrm{d}\ln C}{\mathrm{d}x} \tag{8}$$

式（8）中，$D=\dfrac{RT}{f}$ 为 Einstein-Plank 常数。

式（8）的第一项 $v=\dfrac{1}{f}\cdot\dfrac{\mathrm{d}g(x)}{\mathrm{d}x}$ 为分子运动的迁移项，它表明分子运动时其速度与外加势梯度成正比，与阻力成反比；第二项为分子运动的扩散项，主要用于研究分子运动时的谱带变化情况。式（8）也表明，若不考虑第二项，则分子在外加场的溶液中的运动速度由迁移速度决定。

2. 荷电离子在电场中的运动

荷电 Q 的离子在电场 E 中所受的力可以表示成：

$$F=E\cdot Q \tag{9}$$

荷电 Q 的离子在电场中所受的摩擦力 f 服从 Stokes 定律：

$$f=6\pi r v\eta \tag{10}$$

式（10）中，r 表示荷电离子的半径，v 表示荷电离子的运动速度，η 表示介质的黏度。

当荷电离子在电场中的运动达到平衡时，则 $F=f$，由此可得：

$$E \cdot Q = 6\pi r v \eta \tag{11a}$$

或

$$v = \frac{E}{6\pi\eta} \cdot \frac{Q}{r} \tag{11b}$$

式（11b）表明，当体系一定（E 和 η 一定）时，Q 越大，分子运动的速度越大，而 r 越大，则分子运动的速度越小。

实际上，在电泳中常用的量为电泳迁移率 m（mobility）。其定义为单位电场强度时泳动的速率：

$$m = \frac{v}{E} \tag{12}$$

合并以上二式可得：

$$v = \frac{1}{6\pi\eta} \cdot \frac{Q}{r} \tag{13}$$

即在蛋白质电泳中，蛋白质分子的迁移率正比于它的荷电，而反比于它的半径。这就是蛋白质电泳分离的理论基础。

二、蛋白质电泳分离原理

1. 蛋白质在溶液中的电荷

蛋白质是由不同数量和比例的 20 种 L-α-氨基酸组成的生物大分子，每一种蛋白质分子在一定的 pH 值环境中，它的氨基酸侧链基团或结合质子或解离质子而带正电或负电。

在低 pH 值时蛋白带正电：

$$R—COO^- + H^+ \longrightarrow R—COOH$$

$$R—NH_2 + H^+ \longrightarrow R—NH_3^+$$

在高 pH 值时蛋白质带负电：

$$R—COOH + OH^+ \longrightarrow R—COO^- + H_2O$$

$$R—NH_3^+ + OH^- \longrightarrow R—NH_2 + H_2O$$

因此，在低 pH 值时蛋白质静电荷为正，在高 pH 值时蛋白质静电荷为负。蛋白质的静电荷是组成它的氨基酸残基的侧链基团上所有正、负电荷的总和，由电泳液的 pH 值来决定。在蛋白质滴定曲线的 pI 处，蛋白质的静电荷为 0，它仅由氨基酸的组成决定，是一个特征物化常数。

由于蛋白质或多肽分子是由不同数目和比例的氨基酸组成，因此蛋白质的等电点范围可能很宽。如α-酸性糖蛋白的 pI=1.8，人胎盘溶菌酶的 pI=11.7。但将近半数蛋白质的等电点在 pH=4.0～6.5，因此常用 pH 值为 8.0～9.5 的碱性阳极电泳缓冲体系。

Tris-甘氨酸：pH=8.3～9.5；

Tris-硼酸：pH=8.3～9.3；

Tris-醋酸：pH=7.2～8.5。

而对碱性蛋白质，则采用酸性缓冲体系的阴极电泳体系：

醋酸-甘氨酸：pH=4.0；

醋酸-β-丙氨酸：pH=4.5。

2. 蛋白质电泳的分离原理

由以上讨论可以看出自由电泳和凝胶电泳的分离原理。

自由电泳：在液体介质中电泳时，带电颗粒的分离主要取决于它们的静电荷（$M=\frac{4}{3}\pi r^3\rho$，分子量相差 10^3 倍，其大小只相差 10 倍）。

凝胶电泳：凝胶具有高黏度和高摩擦力，能有效防止对流并使扩散减小到最低程度，多孔介质孔径尺寸和生物大分子具有相似的数量级，因而具有分子筛效应。在凝胶电泳中，带电颗粒的分离主要取决于蛋白质的电荷密度以及分子的大小和形状。

在图 6.1 中两种蛋白质 A 和 B 的分离，其中 A 蛋白质分子量和电荷都较小，而 B 蛋白质分子量和电荷都较大。

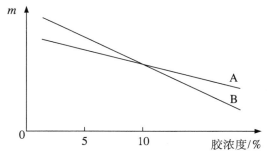

图 6.1　两种不同性质蛋白质 A 和 B 的分离

从图 6.1 可以看出：

胶浓度为 5% 时，胶较稀，电荷起主要作用，B 运动在前，A 运动在后，A 和 B 能得到很好分离；

随着胶浓度增大，分子筛效应出现，B 的迁移率减小；

当胶浓度增加到 10% 时，A 与 B 的迁移率相同，它们无法得到分离；

当胶浓度大于 10% 时，分子筛效应起主要作用，B 迁移率降低，A 迁移率较高，又能得到有效分离。

三、凝胶电泳的支持介质

蛋白质电泳时，若使用一般的自由电泳，由于其不能抗机械振动和系统存在较大的热效应，容易形成对流和扩散，使分离谱带变宽。若使用支持介质，问题则可得到较好解决。一般地讲，对电泳支持介质的要求是：

（1）化学惰性，不与其他成分发生反应；

（2）化学稳定性好，不分解，不干扰大分子的电泳过程；

（3）均匀，重复性好。

目前，在实验室最常使用的凝胶是聚丙烯酰胺凝胶。

1. 聚丙烯酰胺凝胶

聚丙烯酰胺凝胶（Polyacrylamide Gel，PAG）由丙烯酰胺（Acrylamide）和交联剂 N, N′-甲基双丙烯酰胺（N, N′-Methylene Biscrylamide）在引发剂过硫酸铵和增速剂 N, N, N′, N′-甲基乙二胺（N, N, N′, N′-Tetra Methyl Ethylene Diamine，TEMED）存在下聚合成三级网状结构。其中引发剂过硫酸铵的作用是产生自由基，从而引发聚合反应，增速剂 TEMED 的作用是催化过硫酸铵产生自由基，两者的浓度增大，均可加快反应进行，但它们太过量会引起烧胶和蛋白质电泳带畸变，一般胶凝在 40 分钟完成为好（同时要注意的是，丙烯酰胺和 N, N′-甲基双丙烯酰胺两种试剂对人体均有中枢神经毒性，在凝胶电泳操作时要特别注意防护）。丙烯酰胺和 N, N′-甲基双丙烯酰胺的聚合反应如下：

HC=CH₂　　　H₂C=CH
|　　　　　　　|
C=O　　＋　　C=O　　　引发剂
|　　　　　　　|　　　　增速剂 →
NH₂　　　　　NH
|
丙烯酰胺　　　CH₂
（用于形成长链）　|
NH
|
C=O
|
HC=CH₂

—CH₂—CH₂—[CH₂—CH]ₙ—CH₂—CH—[CH₂—CH]ₙ—CH₂—

（聚丙烯酰胺凝胶结构示意图）

2. 聚丙烯酰胺凝胶的孔径

聚丙烯酰胺凝胶的孔径由两个重要参数——交联度 C 和总浓度 T——共同决定，它们分别定义为：

$$C = \frac{b}{a+b} \times 100\% \tag{14a}$$

$$T = \frac{a+b}{m} \times 100\% \tag{14b}$$

式（14）中：

a——溶液中丙烯酰胺的质量；

b——溶液中 N, N'-甲基双丙烯酰胺的质量；

m——缓冲液的终体积。

由以上两式可以看出：

（1）当 C 一定时，增加 T 则凝胶孔径变小。例如，当 $T=7.5\%$ 时凝胶孔径为 50 Å，而当 $T=30\%$ 时凝胶孔径为 20 Å。

一般地讲，当 $T<2.5\%$ 时，可以分辨分子量为 10^6 的大分子，但此时凝胶几乎成液体，可加 0.5% 琼脂糖增加凝胶硬度；而当 $T>30\%$ 时，可以筛分分子量小于 2 000 的多肽。

（2）当 T 保持恒定，C 为 4% 时，凝胶孔径最小。C 大于或小于 4% 时，凝胶孔径变大；但当 C 大于 5% 时，凝胶变脆，比较疏水而不易使用。

实际操作中，一般用一定 C 下的 T 表示胶浓度，见表 6.1。

表 6.1 凝胶浓度和可测蛋白质分子量之间的关系

$T/\%$（$C=2.6\%$）	分离分子量范围	$T/\%$（$C=5.0\%$）	分离分子量范围
5	30 000～200 000	5	60 000～700 000
10	15 000～100 000	10	22 000～280 000
15	10 000～50 000	15	10 000～200 000
20	2 000～15 000	20	5 000～150 000

从表 6.1 可以看出，在一定 T 不同 C 下的蛋白质分离范围并不是与交联度成反比的，应用时要注意。也有用在双丙烯酰胺：丙烯酰胺的值一定时的 T 表示胶浓度的（表 6.2），它们之间可以进行换算。

表 6.2 SDS—聚丙烯酰胺凝胶的有效分离范围

$T/\%$	线性范围
15	12 000～43 000
10	16 000～68 000
7.5	36 000～94 000
5.0	57 000～212 000

注：双丙烯酰胺：丙烯酰胺摩尔比为 1：29。

四、蛋白质电泳操作

实际进行蛋白质分子的电泳分离时，其电泳装置见图 6.2。在这个过程中，既涉及浓缩胶、阳极电泳缓冲液、蛋白标准物以及胶的固定、染色和脱色等实验操作，也涉及蛋白质分子量的测定和蛋白质结构的推测等计算工作。

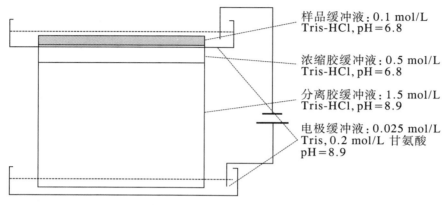

样品缓冲液：0.1 mol/L Tris-HCl, pH=6.8

浓缩胶缓冲液：0.5 mol/L Tris-HCl, pH=6.8

分离胶缓冲液：1.5 mol/L Tris-HCl, pH=8.9

电极缓冲液：0.025 mol/L Tris, 0.2 mol/L 甘氨酸 pH=8.9

图 6.2　蛋白质电泳装置示意图

1. 浓缩胶的浓缩作用

在蛋白质电泳中，浓缩胶的浓缩作用表现在以下两个方面。

（1）浓缩胶是大孔径凝胶（$T=4\%$），分离胶是小孔径凝胶（$T=7.5\%$）。待分离样品在大孔中阻力小，移动速度快，当蛋白质分子走到小孔凝胶处时，突然阻力加大，速度放慢，从而浓缩到一起。同时，由于电荷排斥效应而使加样蛋白质分子依次排列开来，使点样在孔中分布均匀和整齐。

（2）样品缓冲液、浓缩胶、分离胶（有 Cl^-）和电极缓冲液（含甘氨酸、无 Cl^-）的成分不同，且浓缩胶和分离胶的 pH 值不同。

大多数蛋白质的 pI 在 5.0 左右，而甘氨酸的 p$I=6.0$，因此蛋白质以负离子形式存在。在 pH 值为 6.8 的浓缩胶中 Cl^- 完全解离（先导离子，Leading Ion），甘氨酸（尾随离子，Trailing Ion）解离度很低，只有很少部分解离成 NH_2CHCOO^-。由于有效泳动率与泳动率和解离度有关：

有效泳动率＝泳动率（m）×解离度（α）　　　　　　（15a）

因此通电后，三类离子的有效泳动率排列如下：

$$m_{Cl^-} \times \alpha_{Cl^-} > m_{蛋白质^-} \times \alpha_{蛋白质^-} > m_{甘氨酸^-} \times \alpha_{甘氨酸^-}$$　　　（15b）

Cl^- 的有效泳动率远大于蛋白质的有效泳动率，很快运动到最前面，蛋白质紧随其后，甘氨酸在最后。Cl⁻的快速移动，使得原来停留快离子的地方形成极低的低离子浓度区（低电导区），而电势梯度＝电流强度/电导率，因此在此区域的电势梯度就较高，就会使得蛋白质和尾随离子在此区域中加速前进，追赶快离子，夹在快、慢离子中间的蛋白质分子就在追赶中逐渐被压缩成一条狭窄的起始区带。在样品进入分离胶后，凝胶 pH 值为 8.9（实测为 9.5），与甘氨酸的 pKa_2 很接近，尾随离子解离度大大增加，有效泳动率也大大增加，直至与 Cl⁻ 相同，从而赶上并超过蛋白质分子。这样快、慢离子的界面（由溴酚蓝指示）总是跑在被分离蛋白质前面。

2. 阳极电泳缓冲液系统的选择

使用阳极电泳缓冲液系统时，其电泳缓冲液系统的选择原则如下。

（1）浓缩胶 pH 值：与尾随离子 pI 接近，使其有很低的解离度，从而有较低的有效泳动率，在蛋白质后面（较低 pH 值，与甘氨酸的 pI 接近）。

（2）分离胶 pH 值：所有组分在此 pH 值应带同种电荷，且蛋白质在此 pH 值有好的溶解性和稳定性（较高 pH 值）。

（3）先导离子：很高的迁移率，解离度很大，与样品分子电荷相同。

（4）尾随离子：浓缩胶中较低电离，在分离胶中电离较多。

（5）反离子（Counter Ion）：pKa 应比分离胶 9.5 低一个 pH 值，使得分离缓冲液系统有较高的缓冲能力，一般用 Tris 碱。

$$\text{Tris：三羟甲基氨基甲烷} \qquad pKa\ 8.3$$

$$
\begin{array}{c}
\text{H}_2\text{C—OH} \\
| \\
\text{HO—CH}_2\text{—C—CH}_2\text{—OH} \\
| \\
\text{NH}_2
\end{array}
$$

（6）电极缓冲液：用与反离子 pKa 相同 pH 值的缓冲液，可以避免由于电解产物引起的 pH 值的变化（此时缓冲能力最大）。

（7）样品缓冲液：与浓缩胶的 pH 值相同。

（8）离子强度：一般低离子强度比较适合，此时导电性低，产热较少，同时可使被分离的带电颗粒对电流的贡献最大，从而加快电泳速度。离子强度不可过低，必须能够缓冲被分离样品中带电颗粒对凝胶 pH 值的影响，因过低的离子强度易导致蛋白质的凝聚。

3. 蛋白质标准物

每次进行蛋白质电泳时，均需加 Marker（与一般仪器分析法不同，因为此处更不稳定，重现性也不是很好），以比较被测定蛋白质的分子量或测定蛋白质的分子量。蛋白质标准物的选择应选用与被测蛋白质分子量大致相当的 Marker。

如 Promega 公司的蛋白质 Marker 分子量的分布为：

低分子量分布（L）：3 500~31 000；

中分子量分布（M）：14 000~97 000；

高分子量分布（H）：40 000~212 000。

各分子量分布的具体分子量见表 6.3。

表 6.3　Promega 公司三种蛋白质 Marker 的分子量分布

L	M	H
31 000	97 400	212 000
20 400	66 200	116 000
16 900	55 000	97 000
14 400	42 700	66 200
6 100	40 000	57 500
3 500	31 000	40 000
	21 500	
	14 400	

4. 固定、染色和脱色

电泳完成后，要对被分离的蛋白质条带进行固定、染色和脱色。

1）固定

使用一些沉淀剂，如三氯乙酸，使已经分离的蛋白质沉淀固定于各自的位置。固定有两个作用，第一，把蛋白质固定在凝胶中或至少阻滞它们在凝胶中的扩散；第二，去除干扰染色过程的物质，如去污剂、还原试剂和缓冲液的成分（如甘氨酸）。

2）染色

使被分离的蛋白质染色，以便能够用肉眼直接观察到蛋白条带，常用的有两种方法。

（1）考马斯亮蓝（Coomassie Brilliant Blue）R_{250}：考马斯亮蓝 R_{250} 是一种三苯基甲烷类染料，每个分子含有两个 $-SO_3H$ 基因，偏酸性，结合在蛋白质的碱性基团上，与不同蛋白质结合时颜色基本相同，在浓度为 15~20 μg 范围内，扫描峰面积与蛋白质含量有线性关系。

考马斯亮蓝 R_{250} 的检测灵敏度为 0.2~0.5 μg。

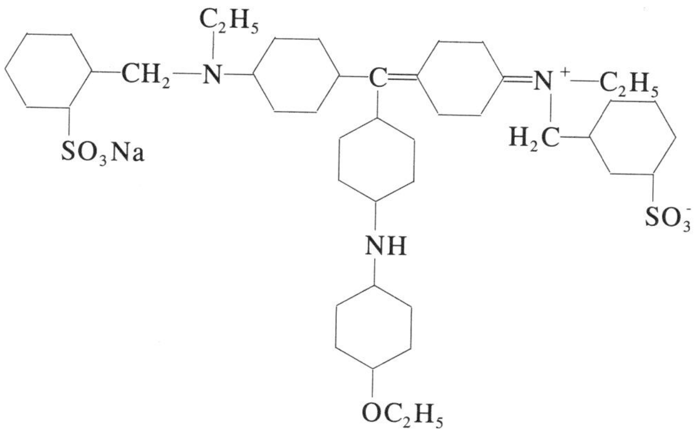

（2）银染法：将固定的凝胶放在酸性的 $AgNO_3$ 溶液中，当硝酸银和蛋白质发生作用后，在碱性 pH 值下用甲醛还原离子化的银成金属银来达到显像的目的。

银染法比考马斯亮蓝 R_{250} 法灵敏 20～100 多倍，可检测到 0.38 ng/mm² 的 BSA，最灵敏的操作可达 10^{-15}g。

3）脱色

脱去已经染色的凝胶板的背景颜色。可用不含染色剂的溶液多洗几遍，脱色完成后可进行电泳胶扫描，以确定目的蛋白质的相对含量。

5. 蛋白质分子量的测定

蛋白质的相对迁移率 R_f 定义为：

$$R_f = \frac{蛋白带迁移距离}{溴酚蓝迁移距离} \tag{16}$$

使用不同分子量的蛋白质作标准物，测定它们和目的蛋白质在同一条件下的相对迁移率，然后作它们的 $\log M_W$-R_f 图，由标准曲线可查得未知物蛋白质的分子量，并在此基础上，结合其他方法所获得的蛋白质分子量，对其结构进行推测和解析。

五、常用的电泳方式

1. 常规聚丙烯酰胺凝胶电泳

常规聚丙烯酰胺凝胶电泳（Native Polyacrylmide Gel Electrophoresis，Native-PAGE）就是在恒定的、非解离状态的缓冲体系中分离蛋白质分子。蛋白质分子按电荷密度和分子筛效应（分子的大小和形状）而进行分离。其特点是：

（1）蛋白质分子在天然状态下得到分离，蛋白质分子保持着天然构象状态以及亚基之间的相互作用，得到的分子量为蛋白质的真实分子量；

（2）可分析蛋白质和别的生物分子的混合物，因为它们仅仅按电荷、大小和形状分离；

（3）电泳分离后仍保持蛋白质的生物活性。

常规聚丙烯酰胺凝胶电泳主要用于研究生物大分子的特性，如电荷、分子量、等电点以及构象等。

2. 十二烷基磺酸钠-聚丙烯酰胺凝胶电泳

十二烷基磺酸钠-聚丙烯酰胺凝胶电泳（Sodium Dodecyl Sulphate -poly-acrylamide Gel Electrophoresis，SDS-PAGE）主要用于测定蛋白质亚基的分子量，而不是完整蛋白质的分子量。其特点是：蛋白质分子仅按分子量大小分离，与形状和电荷无关。

SDS-PAGE 按操作方式又可以分为两类：非还原型 SDS-PAGE（在电泳体系中仅加入强变性剂，不加还原剂）和还原型 SDS-PAGE（在电泳体系中同时加入强变性剂和强还原剂）。非还原型 SDS-PAGE 主要用于一些生理体液、血清或尿成分的分析，因为分离并不希望破坏免疫球蛋白的四级结构，此时二硫键不能被断裂，蛋白质并没有完全被去折叠；而在还原型 SDS-PAGE 中，蛋白质分子的二、三级结构完全被破坏，二硫键全部断裂，蛋白质分子完全成为长椭圆棒状，不同蛋白质的亚基-十二烷基磺酸钠胶束短轴基本相同（约为 18 Å），其长轴的长度则与亚基分子量的大小成正比，其电泳迁移率不再受蛋白质原有电荷的影响，主要取决于椭圆棒的长度，即蛋白质或亚基分子量的大小。在 15 000～200 000 之间，m 与蛋白质或亚基分子量成正比。在蛋白质的还原型 SDS-PAGE 中，还原剂可以使半胱氨酸残基之间的二硫键断裂。只有二硫键被彻底还原后，蛋白质分子才能被解聚，十二烷基磺酸钠才能定量地结合到亚基上从而呈现出相对迁移率和分子量对数的线性关系。常用的还原剂有β-巯基乙醇（β-Mercaptoethanol）和二硫苏糖醇（Dithiothreitol，DTT）。

蛋白质是通过分子内和分子间的氢键、疏水相互作用以及半胱氨酸之间的二硫键来维系其天然结构（三、四级）的。在蛋白质的 SDS-PAGE 分析中，阴离子去污剂十二烷基磺酸钠的主要作用是变性和助溶。在蛋白质溶液中加入过量的十二烷基磺酸钠，所起的作用如下。

（1）蛋白质分子本身的电荷变化被屏蔽。解聚后的蛋白质与 SDS 充分结合形成十二烷基磺酸钠–蛋白胶束，其所带的负电荷远远超过蛋白质分子原有的电荷，这样就消除了不同分子之间原有电荷的差异。此时十二烷基磺酸钠–蛋白胶束都是均一的负电荷，都向阳极移动，而且由于胶束通常有更多的负电荷，电泳也较快。在每克蛋白质结合 1.4 克十二烷基磺酸钠后，所有的十二烷基磺酸钠–蛋白胶束都带负电，且有恒定的荷质比，胶束的 Stokes 直径与蛋白亚基的分子量成正比。

在蛋白质的 SDS-PAGE 中，十二烷基磺酸钠与蛋白质的结合程度是实验成败的关键，其影响因素主要有两个。

①溶液中十二烷基磺酸钠单体的浓度：在溶液中，十二烷基磺酸钠会形成胶束和单体的解离平衡，此平衡受十二烷基磺酸钠总浓度、温度和离子强度的影响，能与蛋白质结合的是十二烷基磺酸钠单体。在温度和离子强度一定时，当十二烷基磺酸钠总浓度增加到一定值时，溶液中的单体浓度不会再随十二烷基磺酸钠总浓度的增加而增加。实验发现，当单体浓度 >1 mmol/L 时，蛋白质与十二烷基磺酸钠结合为 1∶1.4；当单体浓度约为 0.5 mmol/L 时，蛋白质与十二烷基磺酸钠结合为 1∶0.4，后者不能消除蛋白质分子原有电荷的差异，也就不能用于分子量的测定。一般按蛋白质∶十二烷基磺酸钠为 1∶4 或 1∶3 加入十二烷基磺酸钠。

②样品缓冲液的离子强度：仅在低离子强度溶液中，十二烷基磺酸钠单体才具有较高的平衡浓度。因此，实验中一般用 10~100 mmol/L 的缓冲液。

（2）蛋白质分子内和分子间的氢键被打断。

（3）蛋白质分子内和分子间的疏水相互作用被消除。

（4）多肽链的二、三和四级结构被破坏和去折叠，并形成椭球。

六、与电泳法有关的蛋白质分析

1. 等电聚焦

等电聚焦（Isoelectrofocusing，IEF）是目前电泳法中具有最高分辨率的电泳技术。其分离原理是利用蛋白质分子等电点的不同，在一个稳定、连续和线性的 pH 值梯度中进行蛋白质的分离和分析，使蛋白质分子按等电点的差异进行排列。

在支持介质（聚丙烯酰胺）中放入载体两性电解质，通以直流电后在两极之间即可形成 pH 值梯度。一般要求载体两性电解质有好的载电性和缓冲能力，LKB 公司的 Ampholine 就是许多脂肪族的多氨基、多羧基的异构体的同系物的混合物。

$$—CH_2—N—(CH_2)_x—N—CH_2—$$

$$(CH_2)_x \qquad (CH_2)_x$$

$$NH_2 \qquad\quad COOH$$

$$x = 2,3\cdots$$

电场中不通电时，溶液的 pH 值为它们的平均值。通电后，由于 Ampholine 荷电的大小和多少不同，它们分别移向两极，而且由于它们均具有很强的缓冲能力，使得环境的 pH 值等于它们自己的 pI，这样在它们达到各自的位置后就形成 pH 值梯度。一般要求 pH 值梯度形成在 1 小时内完成，在 2 小时内变化不大。等电聚焦电泳过程的示意图见图 6.3。

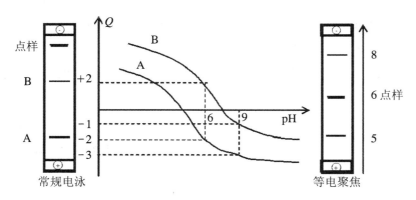

图 6.3　等电聚焦电泳示意图

在图 6.3 中，假定两个蛋白质 A 和 B 的形状和大小都一样，A 蛋白质的等电点为 5.0，B 蛋白质的等电点为 8.0。在常规电泳（pH 值约为 9.0）中，A 和 B 分别带电荷数为 −4 和 −1。由于 A 的电荷较多，向阳极移动快，而 B 的电荷少，向阳极移动慢而得到分离，同时由于在恒定缓冲液体系中，电荷随着电泳进行而扩散，A 和 B 的谱带均会变宽。在等电聚焦电泳中，若将样品放在 pH 值为 6 的位置，A 的荷电为 −1，B 的荷电为 +2，则在电场中 B 向阴极迁移，而 A 向阳极迁移，直至到达各向的等电点。在等电聚焦电泳中，分离仅仅取决于蛋白质的等电点，是一个稳态过程，蛋白质一旦到达它的等电点，因为没有了净电荷就不能进一步迁移。因此，在等电聚焦电泳中，蛋白带将非常窄，具有"聚焦"效应。

等电聚焦电泳一般要达到 0.02 pH 的分辨率并不困难，高一点可达到 0.0025 pH ~ 0.001 pH。

2. 氨基酸种类分析

一般有 5 μg 蛋白质即可进行氨基酸种类分析，5 ~ 10 nmol/L 的蛋白质便可在氨基酸分析仪上进行分析。

在蛋白质的氨基酸种类分析中，电泳后的蛋白带用酸水解后可直接进行分析。为防止聚丙烯酰胺凝胶中不纯物的影响，可以用空白的凝胶片段进行平行分析。PAG 凝胶水解时产生大量的 NH_3 会妨碍碱性氨基酸的测定，并损伤仪器，一般可在上样前将酸性水解产物在 5% 的 Na_2CO_3 溶液中重复冷冻干燥，以使其中生物 NH_3 蒸发掉。

3. 氨基酸序列测定

电泳分离后，微克级的蛋白质即可进行氨基酸序列分析。

进行氨基酸序列的测定时，一般要求样品必然均一，纯度在 97% 以上，并且知道蛋白质的分子量，误差应在 10% 以内，而且必须使蛋白质的多肽链降解成合适大小的片段，并使其中的二硫键完全断裂。

1）蛋白质多肽链的降解

由于一次不可能测太多氨基酸，一般一次只能测定几十个氨基酸，因此要将蛋白质多肽链降解成合适的片段。一般用酶裂解法或化学裂解法。

胰蛋白酶：断裂赖氨酸（Lys）或精氨酸（Arg）的羧基参与形成的肽键。

糜蛋白酶：断裂苯丙氨酸（Phe）、色氨酸（Trp）和酪氨酸（Tyr）等疏水性氨基酸羧基参与形成的肽键。

2）二硫键的断裂

对要测定的蛋白质分子，不论它们是寡聚蛋白还是用二硫键交联起来（几条亚基之间或仅一条亚基内部），首先用变性剂（8 mol/L 尿素或 6 mol/L 盐酸胍）使其亚基拆开，然后用β-巯基乙醇（pH＝8~9）使—S—S—还原成—SH，再用碘乙酸等将—SH 保护起来（图 6.4）。

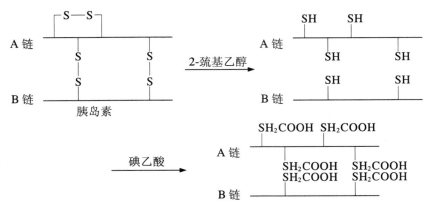

图 6.4　二硫键的断裂示意图

3）氨基酸序列测定

氨基酸序列测定一般用 Edman 化学降解法，用苯异硫氰酸脂（PITC）法进行氮末端分析，测定过程分三步进行。

（1）偶联。

（PITC）　PITC 仅能与未质子化的—NH₂ 作用，因此，用弱碱性介质

（2）环化反应。

（3）转化。

（PTH-氨基酸）

PTH-氨基酸是一种非常稳定的氨基酸，可用各种层析技术分离。氨基酸序列测定以此类推，现在一般都用仪器法进行，一次可测定 60~70 氨基酸残基，灵敏度非常高，蛋白质最低量在 5 pmol 水平，可检测 1 pmol 以下。

4. 肽图分析

原则上，在专一位置用裂解产生多肽的方法，如用酸水解 Asp-Pro 键，用羟胺裂解 Asn-Gly 键，N-氯琥珀酰胺裂解色氨酸残基，CNBr 裂解甲硫氨酸残基等，均可用于蛋白质的肽图分析。但要注意避免产生大量非常小的多肽，因小肽不但难以分析，且很易丢失。

蛋白质的肽图分析一般用双向电泳（第一向：等电聚焦，使蛋白质按电荷分离；第二向：SDS-PAGE，使蛋白质按分子量分离）。一般在第一向不进行洗脱，而在等电聚焦后的凝胶上进行部分蛋白质水解裂解，然后再进行第二向的只根据分子大小分离的 SDS-PAGE 分析。

第二节 毛细管电泳法

毛细管电泳法（Capillary Electrophoresis，CE）也称高效毛细管电泳法（High Performance Capillary Electrophoresis，HPCE），是以高压电场为驱动力，以毛细管为分离通道，依据样品中各组分之间淌度和分配行为上的差异而实现分离分析的液相分离、分析方法。它是凝胶电泳技术的进一步发展，是高效液相色谱分析的重要补充，是经典电泳技术和现代微柱分离相结合的产物。这种方法可分析的成分小至有机离子，大至生物大分子如蛋白质、核酸等，可用于分析多种体液样本（如血清、血浆、尿、脑脊液和唾液等）的成分分析，是一种高效、快速、微量的电泳分析方法。

1807 年至 1809 年:俄国物理学家 Reuss 首次发现黏土颗粒的电迁移现象。

1907 年：Field 和 Teague 首次用电泳成功分离了白喉毒素和它的抗体。

1937 年：瑞典科学家将人血清提取的蛋白质混合液放在两段缓冲溶液之间，两端加电压，第一次分离出白蛋白和 a-球蛋白、b-球蛋白、g-球蛋白；同年，Tiselius 还制成了第一台电泳仪并进行了第一次自由溶液电泳，他因对电泳技术的发展和应用的巨大贡献而获得 1948 年诺贝尔化学奖。

1967 年：Hjerten 最早提出了用小内径管在高电场下进行自由溶液的电泳。

1981 年：Jorgenson 和 Luckas 发表了划时代的研究工作，用 75 μm 内径的石英毛细管进行了电泳。电迁移进样，荧光柱上检测丹酰化氨基酸，达到 400 000 块/米理论塔板数的高效率，从此跨入高效毛细管电泳的时代。

1984 年：Terabe 等建立了胶束毛细管电动力学色谱。

1987 年：Hjerten 建立了毛细管等电聚焦；Cohen 和 Karger 提出了毛细管凝胶电泳。

1988 年至 1989 年：出现了第一批毛细管电泳商品仪器。由于毛细管电泳符合了以生物工程为代表的生命科学各领域中对多肽、蛋白质（包括酶和抗体）、核苷酸乃至脱氧核糖核酸（DNA）的分离、分析要求，短短几年内毛细管电泳得到了迅速发展。

一、毛细管电泳的特点

与普通电泳技术相比，由于毛细管电泳采用了高电场，因此分离速度要快得多；检测器则除了未能与原子吸收和红外光谱相连接外，与其他类型检测器均已实现了连接检测；一般电泳定量精度差，而毛细管电泳与 HPLC 相近；毛细管电泳操作自动化程度比普通电泳要高得多。毛细管电泳的优点可概括为"三高一少一低"：①高灵敏度。常用紫外检测器的检测限可达 $10^{-15} \sim 10^{-13}$ mol，激光诱导荧光检测器的检测限则达 $10^{-21} \sim 10^{-19}$ mol。②高分辨率。其每米理论塔板数为几十万，高者可达几百万乃至千万，而 HPLC 一般为几千到几万。③高速度。文献报道，分离分析最快可在 60 秒内完成，在 250 秒内可分离 10 种蛋白质；在 1.7 分钟内可分离 19 种阳离子，在 3 分钟内可分离 30 种阴离子。④样品少。分析只需 "nL"（10^{-9} L）级的进样量。⑤成本低。只需少量（几毫升）流动相和价格低廉的毛细管。由于以上优点及分离生物大分子的特异能力，使得毛细管电泳成为发展较为迅速的分离、分析方法之一。

二、毛细管电泳的工作原理

1. 淌度

当带电粒子以速度 v 在电场中移动时，所受的电场力为：

$$F_e = qE \tag{17}$$

式（17）中：

F_e——带电粒子在电场中所受的电场力；

q——溶质粒子所带的有效电荷；

E——电场强度。

带电粒子运动时所受的阻力，即摩擦力为：

$$F = fv \tag{18}$$

式（18）中：

F——带电粒子运动时所受的摩擦力；

f——摩擦系数；

v——溶质粒子在电场中的迁移速度。

当平衡时，电场力和摩擦力相等而方向相反：

$$qE = fv \tag{19}$$

由上式可得：

$$v = \frac{qE}{f} = \frac{q}{4\pi r\eta} \text{（对棒状粒子）} \tag{20a}$$

或

$$v = \frac{qE}{f} = \frac{q}{6\pi r\eta}E \text{（对球状粒子）} \tag{20b}$$

从式（20a）和（20b）可知，荷电粒子的电泳速度除与电场强度成正比外，还与其有效电荷 q 成正比，但与其表观液态动力学半径（r）以及介质黏度（η）成反比。

在电化学中把单位电场强度下的平均电泳速度称为物质粒子的电迁移率（Electrophoretic Mobility），简称淌度，用 μ 表示。依据概念，它可以表示成下式：

$$\mu = \frac{v}{E} = \frac{q}{4\pi r\eta} \text{（对棒状粒子）} \tag{21a}$$

或

$$\mu = \frac{v}{E} = \frac{q}{6\pi r\eta} \text{（对球状粒子）} \tag{21b}$$

对于给定的介质，溶质粒子的电泳淌度是该物质的特征常数。因此，电泳中常用淌度描述荷电粒子的电泳行为。不同物质在同一电场中因为有效电荷、形状和大小的差异，它们的淌度就会不同，所以就可能得到分离。物质粒子在电场中淌度的不同是电泳分离的基础。

2. 电渗现象和电渗流

当固体与液体相接触时，如果固体表面因某种原因带一种电荷，则因静电引力使其周围液体带另一种电荷，在固液界面就会形成双电层，两者之间就存在电势差。当在液体两端施加电压时，就会发生液体相对于固体表面的移动，这种液体相对于固体表面移动的现象就是电渗现象，电渗现象中液体的整体流动就称为电渗流（Electroosmotic Flow）。

目前，高效毛细管电泳中所用的毛细管绝大多数是石英材料。当石英毛细管中充入 pH 值大于或等于 3 的电解质溶液时，管壁的硅羟基（—SiOH）开始部分解离成—SiO⁻，使管壁带负电荷。由于静电引力，—SiO⁻将把电解质溶液中的阳离子吸引到管壁附近，并在一定距离内形成阳离子相对过剩的扩散双电层，就好像带负电荷的毛细管内壁有一个圆桶形的阳离子鞘，在外电场的作用下，带正电荷的溶液表面及扩散层的阳离子向阴极移动。由于这些阳离子实际是溶剂化的（水化的），它们将带着毛细管中的液体一起向阴极移动，这种现象就是毛细管电泳的电渗现象。在电渗力驱动下毛细管中整个液体的流动，就是毛细管电泳中的电渗流。

电渗流是毛细管电泳中非常重要的物理现象，其大小直接影响着分离情况和分析结果的精密度和准确度。

1）电渗流的大小和方向

在实际电泳分析中，电渗流速度 v_{eo} 可以用中性物质通过实验测定，按下式计算：

$$v_{eo} = \frac{L_{ef}}{t_{eo}} \tag{22}$$

式（22）中：

L_{ef}——毛细管的有效长度，即毛细管的进样端到检测器的距离；

t_{eo}——电渗流标记物（中性物质）的迁移时间。

电渗流的方向取决于毛细管内壁表面电荷的性质。一般情况下，石英毛细管内壁表面带负电荷，电渗流方向为由阳极到阴极。但是若将毛细管壁表面改性，如在壁表面涂渍或键合一层阳离子型表面活性剂，将使毛细管壁表面带正电荷，壁表面正电荷因静电引力吸引溶液中的阴离子，使溶液表面带负电荷，在外电场力作用下，整个液体向阳极移动，即电渗流的方向为由阴极流向阳极。

2）电渗流的流型

因为毛细管内壁表面扩散层的过剩阳离子均匀分布，所以在外电场力驱动下产生的电渗流为平流，即活塞式流动，液体流动速度除在管壁附近因摩擦力迅速减小到 0 以外，其余部分几乎处处相等。

这一点与高效液相色谱中靠泵驱动的流动相的流型完全不同。高效液相色谱流动相的流型是抛物线型的层流，在管壁处的速度为 0，管中心的速度为平均速度的两倍，所以由层流引起的区带展宽明显；而毛细管电泳中的电渗流是平流流型，几乎不引起样品的区带展宽。电渗流平流是毛细管电泳能获得高分离效率的重要原因。

3）电渗流的作用

电渗流是伴随电泳而产生的一种电动现象。电渗流在毛细管电泳中起到像高效液相色谱中泵一样的作用，在一次电泳作用中可以同时完成阳离子、阴离子的分离。一般情况下，电渗流流向阴极，电渗流速度约为一般离子电泳速度的 5~7 倍。因此，各种电性物质在毛细管中的迁移速度为：

$$v_{ap}^{+} = v_{eo} + v_{ef} \tag{23a}$$

$$v_{ap}^{-} = v_{eo} - v_{ef} \tag{23b}$$

$$v_{0} = v_{eo} \tag{23c}$$

式（23）中：

v_{ap}——离子电泳的表观速度；

v_{ef}——离子电泳的有效速度。

由此可见，在一般情况下电渗流可以带动阳离子、阴离子和中型物质以不同的速度从阴极端流出毛细管。

3. 影响电渗流的因素

电渗流速度可以表达成：

$$v_{eo} = \frac{\varepsilon \varepsilon_0 \zeta}{\eta} \times E \tag{24}$$

式（24）中：

v_{eo}——电渗流速度；

E——电场强度；

ζ——管壁的 zeta 电势；

ε_0——真空的介电常数；

ε——电泳介质的介电常数；

η——电泳介质的黏度。

式（24）表明，电渗流速度（v_{eo}）与电场强度（E）、管壁的 zeta 电势（ζ）、真空的介电常数（ε_0）以及电泳介质的介电常数（ε）成正比关系，而与电泳介质的黏度（η）成反比，其中管壁的 ζ 电势和毛细管的材料、表面特性、电泳介质的组成及性质有关。

pH 值、介质成分和浓度、离子强度和温度等都会影响到离子的电渗流。

1）pH 值对电渗流的影响

电渗流正比于毛细管内壁的 ζ 电势，而溶液的 pH 值对电渗流速度有很大的影响。对于相同材料的毛细管，管中溶液的 pH 值不同时，它们的表面电荷特性也不同，毛细管壁的 ζ 电势不同，其电渗流的大小也不同。以常用的石英毛细管为例，当内充液的 pH 值增高时，比表面的硅羟基电离为带负电荷的 SiO^- 数增多，使壁表面的负电荷密度增大，管壁 ζ 电势增大，电渗流增大；当溶液的 pH 值达到 7 时，壁表面的硅羟基完全电离，使壁表面的负电荷密度达到最大，电渗流达到最大；随着溶液的 pH 值减小，壁表面的硅羟基电离受到抑制，使壁表面的负电荷密度减小，管壁 ζ 电势减小，电渗流减小。当 pH 值减小至 3 以下时，壁表面带负电荷的 SiO^- 完全被氢离子中和，使壁表面呈电中性，ζ 电势趋于 0，电渗流也趋于 0。溶液 pH 值的稳定对于保持电渗流的稳定和保证电泳分离分析结果的重现性极为重要。因此，HPCE 操作必须在适当的缓冲溶液中进行。

2）介质成分和浓度对电渗流的影响

电泳介质的成分和浓度对电渗流有明显的影响，由于各种阴离子的形状、大小、带电荷多少不同，它们的导电率也就不同。不同的阴离子构成的相同浓度的缓冲液在相同工作电压下毛细管中的电流会有很大差异，使毛细管的焦耳热不同，毛细管中缓冲液的温度不同、黏度不同，从而导致电渗流的大小也不同。

3）离子强度对电渗流的影响

电泳介质的离子强度影响壁表面的双电层厚度、溶液黏度和工作电流，因而会明显影响到电渗流的大小。一般地讲，随着缓冲溶液中离子强度的增加，不同缓冲溶液的电渗流都呈下降趋势。

4）温度对电渗流的影响

毛细管内的温度升高，使溶液的黏度下降，电渗流也就增大。

三、毛细管电泳的分析参数

1. 表观淌度和淌度

从加电压开始电泳到溶质到达检测器所需的时间为该溶质的迁移时间（也有叫保留时间），用 t 表示。其表达式为：

$$t = \frac{L_{ef}}{v_{ap}} = \frac{L_{ef}}{\mu_{ap} \times E} = \frac{L_{ef}L}{\mu_{ap} \times V} \tag{25}$$

式（25）中：

V——外加电压；

L——毛细管的总长度。

所以，某离子的表观淌度 μ_{ap} 为：

$$\mu_{ap} = \frac{L_{ef}L}{tV} \tag{26}$$

对于中性物质，其迁移时间为：

$$t = \frac{L_{ef}}{v_{ap}} = \frac{L_{ef}}{\mu_{ap} \times E} = \frac{L_{ef}L}{\mu_{ap} \times V} \tag{27}$$

当分别测出阴、阳离子及中性物质的迁移时间后，由上式分别求出它们的表观淌度，再用 $v_{ap}^+ = v_{eo} + v_{ef}$ 和 $v_{ap}^- = v_{eo} - v_{ef}$ 分别求出它们的淌度。

如某电泳过程 $L = 58.8$ cm，$L_{ef} = 50$ cm，$V = 25\,000$ V，阳离子、中性物质和阴离子的迁移时间分别为 38.4 s、50.7 s 和 93.1 s，各种物质的淌度计算结果见下：

阳离子 $\mu_{ap}^+ = \frac{L_{ef}L}{tV} = \frac{50 \times 58.5}{38.4 \times 25\,000} = 3.05 \times 10^{-3}$ (cm² · V⁻¹ · s⁻¹)　(28a)

中性物质 $\mu_{ap} = \mu_{eo} = \frac{L_{ef}L}{tV} = \frac{50 \times 58.5}{50.7 \times 25\,000} = 2.31 \times 10^{-3}$ (cm² · V⁻¹ · s⁻¹)　(28b)

阴离子 $\mu_{ap}^- = \frac{L_{ef}L}{tV} = \frac{50 \times 58.5}{93.1 \times 25\,000} = 1.25 \times 10^{-3}$ (cm² · V⁻¹ · s⁻¹)　(28c)

结果比较见表 6.4。

表 6.4　不同电性物质的淌度计算示例

溶质	迁移时间/s	μ_{ap}/(cm² · V⁻¹ · s⁻¹)	μ_{ef}/(cm² · V⁻¹ · s⁻¹)
阳离子	38.4	3.05×10^{-3}	7.40×10^{-4}
中性化合物	50.7	2.31×10^{-3}	2.31×10^{-3}
阴离子	93.1	1.25×10^{-3}	1.06×10^{-3}

2. 毛细管电泳柱效率

在毛细管电泳中一般也按理论塔板数的多少衡量其柱效。柱效是反映毛细管电泳过程中溶质区带加宽的程度。按色谱理论中的 Giddings 方程，N 定义为：

$$N = \left(\frac{L_{ef}}{\sigma} \right)^2 \tag{29}$$

式（29）中：

L_{ef}——溶质的迁移距离即毛细管的有效长度；

σ——以标准偏差表示的组分峰宽度。

σ 描述了溶质带在柱中展宽的程度。溶质的峰宽度也可用基线宽度 W 或半宽度 $W_{h/2}$ 来表示。组分峰越窄，理论塔板数越高，塔板高度越小，表示分离效率越高。在理想情况下，溶质的纵向扩散是高效毛细管电泳中引起溶质峰加宽的唯一因素，这相当于色谱速率理论中的第二项即分子扩散项对板高的影响，即有：

$$\sigma^2 = 2Dt \tag{30}$$

式（30）中：

D——溶质的扩散系数。

以上几式联合后整理可得：

$$N = \frac{\mu_{ap} V L_{ef}}{2DL} \tag{31}$$

式（31）为理想情况下高效毛细管电泳的分离效率的表达式。从式（31）可以看出两点：

（1）表观电渗淌度大、工作电压大、L_{ef}/L 大、扩散系数小，都可以使 N 变大，分离效率提高。因此，提高工作电压和增大电渗流，都有利于提高分离效率。因为对于一定长度的毛细管和溶质，在高的电场和较大的电渗流下，溶质在毛细管中迁移的速度快，在管中停留的时间短，溶质扩散的机会就减少，峰加宽就小，理论塔板数就多。

（2）在相同电泳条件下，扩散系数小的溶质比扩散系数大的溶质的分离效率高。这是由于溶质分子越大，扩散系数越小，因扩散引起的峰加宽就越小，分离效率就越高。这也是 HPCE 能高效分离生物大分子（如蛋白质、核酸等）的理论依据。

与一般色谱法一样，分离效率也可以直接由电泳图求出，即：

$$N=5.54\left(\frac{t}{W_{h/2}}\right)^2 \tag{32a}$$

或

$$N=16\left(\frac{t}{W}\right)^2 \tag{32b}$$

式（37）中：

t——溶质的迁移时间；

$W_{h/2}$——溶质峰的半高度宽；

W——溶质峰的基线宽度。

在实际电泳分析中发现，用后两式计算出的理论塔板数明显低于用前两式计算的结果。这是由于前两式是在理想情况下导出的，仅考虑了纵向扩散的影响；而后两式是按实际电泳图计算的结果。这表明，在实际过程中，除了溶质的纵向扩散外，还存在着很多引起峰加宽的因素。实际上，考虑到各种因素的影响，可以用总方差来表示系统中各因素对峰加宽的影响。

$$\sigma_T^2=\sigma_{inj}^2+\sigma_{dif}^2+\sigma_{Tem}^2+\sigma_{ads}^2+\sigma_{Elec}^2+\sigma_{oth}^2 \tag{33}$$

式（33）中：

σ_T^2——各种因素对峰加宽的总方差；

σ_{inj}^2——由进样引起的峰加宽的方差；

σ_{dif}^2——组分纵向扩散引起的峰加宽的方差；

σ_{Tem}^2——由焦耳热引起的峰加宽的方差；

σ_{ads}^2——由毛细管壁间的吸附作用引起的峰加宽的方差；

σ_{Elec}^2——溶质与缓冲溶液间的电导不匹配引起的电分散的方差；

σ_{oth}^2——由其他因素（主要是层流）引起的峰加宽的方差。

3. 分离度

与一般色谱一样，毛细管电泳中的分离度 R_s 是指表观淌度相近的两个组分分开的程度。按色谱理论的 Giddings 方程，组分 1、2 的分离度等于两峰中心之间的距离与两峰峰底宽度平均值之比，即：

$$R_s = \frac{\Delta L}{W} = \frac{\Delta L}{4\sigma} \qquad (34)$$

式（34）中：

ΔL——两峰中心之间的距离；

W——两峰峰底宽度的平均值；

σ——两峰的标准偏差的平均值。

四、毛细管电泳仪

高效毛细管电泳仪组成很简单，只要有一个高压电源、一支内径为 $50 \sim 100 \ \mu m$ 的石英毛细管、一个检测器和两个缓冲溶液瓶，就能进行高效毛细管电泳实验，其原理示意图见图 6.5。

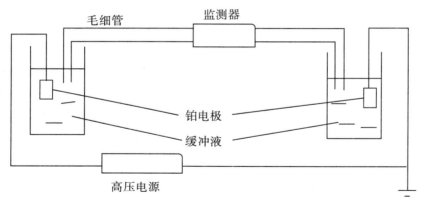

图 6.5　毛细管电泳仪组成示意图

毛细管电泳仪的主要部件和性能要求如下。

1. 高压电源

$0 \sim 30 \ kV$ 稳定、连续可调的直流电源，具有恒压、恒流和恒功率输出，其中有些仪器还具有电场强度程序控制系统。其要求是：

（1）为了保证迁移时间的重现性，要求输出电压稳定在 $\pm 0.1\%$ 以内；

（2）电源极性可以转换。

2. 毛细管

毛细管是高效毛细管电泳的核心部件，它的好坏直接影响或决定着实验能否成功进行。从分离效果和分离时间考虑，在满足分离的前提下尽量用短柱，因为这样可以省省分析时间。一般而言，毛细管最长不超过 $1 \ m$。

对于一定长度的毛细管，有效长度越长越有利于分离，而对它的材料、规格和形状的要求如下：

（1）材料：由于玻璃材料的电渗流较大，对紫外光有吸收，机械强度差，因此较少采用。有机高聚物，如聚四氟乙烯、聚乙烯等，机械稳定性及化学稳定性好，可以透过可见及紫外光，电渗流可以控制，但是散热性差并且对短波紫外光有较强的吸收，使用也不多。熔融石英材料透光性好（远、近紫外光都能透过），化学惰性好，外壁涂聚酰亚胺大大增加了柔韧性，强度高并且价格便宜，故使用较多。

（2）规格和形状：虽然相同容积的矩形管比圆形管有较大的比表面积，并且光散射小、容易增大检测光程，但是加工困难，所以目前仍以圆形毛细管为多。兼顾到毛细管的散热性、检测灵敏度和减小溶质与壁表面间的相互作用力，目前最常用的毛细管内径是 $20 \sim 75 \ \mu m$，外径是 $350 \sim 400 \ \mu m$。

3. 缓冲液池

缓冲液池内装缓冲溶液，为电泳提供工作介质。要求缓冲液池化学惰性和机械稳定性好。

4. 检测器

因为毛细管电泳仪中的毛细管内径很小，进样量很小，所以对检测器的灵敏度要求很高。目前，大多数 HPCE 仪器都配有紫外检测器，实现柱上检测。为展宽检测范围，有些仪器也有配两种或多种检测器的情况。

毛细管电泳中常用检测器的主要类型及特点见表 6.5。

表 6.5　常用毛细管电泳检测器的性能特点

检测器	动态范围 ($S/N=2$)	最小检测限/mol	应用	优点	缺点
UV-VIS 吸收	$10^{-6} \sim 10^{-3}$	10^{-15}	肽、蛋白质、核酸、药物、小分子	易于使用	灵敏度高
荧光检测	$10^{-8} \sim 10^{-5}$	10^{-17}	氨基酸、肽、蛋白质、核酸	灵敏度和选择性高于 UV	非通用
激光诱导荧光检测	$10^{-12} \sim 10^{-9}$	10^{-21}	微量氨基酸、肽、蛋白质、核酸	灵敏度和选择性都很高	贵，非通用
电导检测	$10^{-6} \sim 10^{-3}$	10^{-16}	离子分析	峰面积和迁移时间呈线性相关	灵敏度较低，非通用

检测器	动态范围 ($S/N=2$)	最小检测 限/mol	应用	优点	缺点
安培检测	$10^{-8}\sim10^{-5}$	10^{-20}	复杂物质(如体液)中电活性化合物的定量分析	灵敏度和选择性很高	限于电活性物质的分析,难建装置
间接 UV-VIS 检测	$10^{-5}\sim10^{-3}$	10^{-14}	离子分析,碳水化合物	通用	灵敏度较低,缓冲溶液受限制

5. 控温装置

控温装置可用于控制体系的温度,但有些仪器不一定带有。

6. 数据采集记录装置

数据采集记录装置用于毛细管电泳分离后分析数据的采集和记录。

第三节　蛋白质的冷冻干燥

　　冷冻干燥(Freeze Drying)是利用冰晶升华的原理,首先将湿物料或溶液在较低的温度(−50~−10℃)下冻结成固态,然后在高度真空(1.3~13 Pa)的环境下,将已冻结物料的水分不经过冰的融化而直接从固态冰升华为水汽的一种干燥方法。因此,冷冻干燥又称为冷冻升华干燥。生物工程产品干燥的目的,就是在保持其生物活性的前提下减少物质中的含水量,使其达到所希望的含水量水平。干燥与产品的质量和能量的消耗紧密相关,其操作和维护费用在产品的总价值中占有很大比例,因此干燥过程在生物工程产品的处理和最后加工的经济性能衡算中占有重要的地位。

一、冷冻干燥过程的特点

　　与其他方法相比较,冷冻干燥法具有如下特点。

　　(1)冷冻干燥法是在较低的干燥温度和真空条件下进行的,被干燥材料的结构和其他物化性质变化较小,因此可用于对热不稳定的产品,如活的微生物体、蛋白质和酶以及某些抗生素等的干燥。

在冷冻干燥过程中，物料在大部分时间里处于 $-30 \sim -20\ ℃$ 温度范围内，仅在干燥的最后阶段，当水分的含量已经微不足道时，温度才升高到 $10 \sim 20\ ℃$。这样，各种可能的化学变化，包括氧化过程的可能性等，在产品干燥时都下降了，因为冷冻干燥的空气压力为 $0.1 \sim 10\ Pa$，空气中氧的浓度为大气压的万分之一。

（2）冷冻干燥后，物料结构具有良好的耐贮性，因为可溶性物质始终比较均匀地分布在整个容器的空间，而水分仅以蒸发形式在物料内部转移。同时，在冷冻干燥过程中，样品中未被浓缩的电解质和其他可溶性物质也在低温条件下为保存蛋白质、复杂的生物活性物质和活细胞等创造了有利环境。

二、冷冻干燥的原理

1. 生物材料中水分的性质

在原始湿物料中存在着两种形式的水分，一种是自由水分，另一种是结合水分。在含自由水分的物料上，它的蒸气压等于在敞开水表面上的蒸气压，物料中的自由水能以敞开水表面的蒸发速度被蒸发；而当物料上仅仅含有结合水分时，物料表面形成的蒸气压要比在纯液体上的小，其蒸发速度也相应地较小。

在生物工程中，原始湿物料一般呈黏稠的悬浮体或是高度浓缩液状态，属于毛细-多孔胶体。由于在这些物料中毛细管壁富有弹性并且在与水分相互作用时会发生膨胀，因此它们的性质主要取决于原始湿物料的含水率。在毛细-多孔胶体中，存在三种主要形式的结合水分，即化学结合水分、物理-化学结合水分和物理-机械结合水分。

1）化学结合水分

由于与离子或分子的相互作用而被保留的化学结合水，在物料加热到 $120 \sim 150\ ℃$ 时也不能被除去，通常只有在化学反应或煅烧时才能将其除去。在干燥生物产品时，化学结合水不能除去。

2）物理-化学结合水分

吸附结合、渗透保留和结构作用的水分是物理-化学形式结合水的特征。吸附结合水的性质与普通水的性质是不同的，依靠吸附力保留在物体表面上的薄层液体，其厚度约为水分子直径的几倍，其中第一分子层与物料表面的结合最为紧密；水分和物料相互渗透的过程，即溶解或膨胀，造成了物理-化学结合水分的另一种形式，渗透保留水分的结合能要比吸附水分的结合能小得多，但它的性质与普通水的性质仍有所不同；处在细胞内的水属于具有结构作用的水分，与大分子聚合物表面牢固结合，在微生物中这样结合的水分可占胞内水分总量的 15%～18%。

3）物理-机械结合水分

存在于毛细血管中的液体和润湿的液体是在物理-机械作用下结合的水分，毛细管力和润湿的作用，取决于相分界处的表面张力。大、小毛细管是有区别的，大毛细管仅在它与水直接接触时才填满水分，小毛细管既可在与水直接接触时填满水分，也可从含水的空气中凝结蒸汽。

2. 热稳定性与加热温度和时间的关系

干燥物料时，热作用的延续时间和强度取决于物料的热稳定性。热稳定性 A_t 的定义为：

$$A_t = \frac{X}{X_0} \times 100 \tag{35}$$

式（35）中：

X_0——热作用前生物质的浓度；

X——热作用后生物质的浓度。

在暴露时间不变的情况下改变加热温度，或者在常温条件下改变暴露时间，都可以得到热稳定变化与加热温度和时间之间的关系和典型的温度过程线，见图 6.6。

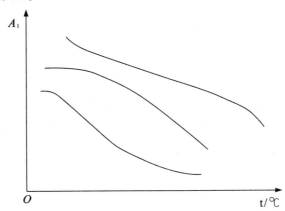

图 6.6　典型的热稳定性 A_t 与温度 t 之间的关系

加热温度和时间对物料稳定性的影响可以综合在经验关系式 $A_t=f(\tau, t)$ 中，这个经验关系式一般可用下面的形式来表示：

$$A_t=a+bt+ct^2+d\tau \tag{36}$$

式（36）中，a、b、c 和 d 都为经验常数。通过上式可以把不同的 t 和 τ 情况下的热稳定性计算出来，或者在给定的热稳定条件下，测定出热作用的条件。

3. 冷冻干燥

由物理学可知，水有三相，根据压力减小、沸点下降的原理，只要压力在三相点压力之下，物料中的水分则可从水不经过液相而直接升华为水汽。根据这个原理，就可以先将食品的湿原料冻结至冰点之下，使原料中的水分变为固态冰，然后在适当的真空环境下，将冰直接转化为蒸汽而除去，再用真空系统中的水汽凝结器将水蒸气冷凝，从而使物料得到干燥。这种利用真空冷冻获得干燥的方法，是水的物态变化和移动的过程，这个过程发生在低温低压下，因此，冷冻干燥的基本原理是在低温低压下传热传质的机制。

冷冻干燥不同于普通的加热干燥，物料中的水分基本上在 0 ℃以下的冰冻的固体表面升华而进行干燥，物质本身则剩留在冻结时的冰骨架中，因此，干燥后的产品体积不变、疏松多孔。冰在升华时需要热量，必须对物料进行适当加热，并使加热板与物料升华表面形成一定的温度梯度，以利于传热的顺利进行。制品的冷冻干燥过程一般包括冻结、升华和再干燥三个阶段。

（1）冻结：先将欲冻干物料用适宜冷却设备冷却至 2 ℃左右，然后置于冷至约 −40 ℃（13.33 Pa）的冻干箱内。关闭干燥箱，迅速通入制冷剂（氟利昂、氨等）使物料冷冻，并保持 1 小时或更长时间，以克服溶液的过冷现象，使制品完全冻结，即可进行升华。

（2）升华：制品的升华是在高度真空下进行的，在压力降低过程中，必须保持箱内物品的冰冻状态，以防溢出容器。待箱内压力降至一定程度后，再打开真空泵（或真空扩散泵），压力降到 1.33 Pa、−60 ℃以下时，冰即开始升华，升华的水蒸气在冷凝器内结成冰晶。为保证冰的升华，应开启加热系统，将搁板加热，不断供给冰升华所需的热量。

（3）再干燥：在升华阶段，冰大量升华，此时制品的温度不宜超过最低共熔点，以防产品中产生僵块或产品外观上的缺损，在此阶段内搁板温度通常控制在±10 ℃。制品的再干燥阶段所除去的水分为结合水分，此时固体表面的水蒸气压呈不同程度的降低，干燥速度明显下降。在保证产品质量的前提下，在此阶段应适当提高搁板温度，以利于水分的蒸发。一般是将搁板加热至30～35 ℃，实际操作应按制品的冻干曲线（事先经多次实验绘制的温度、时间、真空度曲线）进行，直至制品温度与搁板温度重合达到干燥为止。

三、冷冻干燥过程控制

1. 间歇式冷冻干燥过程

间歇式冷冻干燥的原理和过程见图6.7。

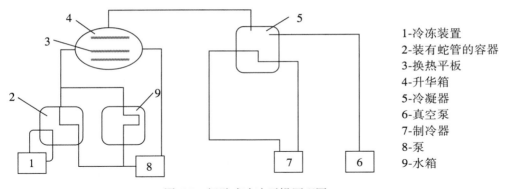

1-冷冻装置
2-装有蛇管的容器
3-换热平板
4-升华箱
5-冷凝器
6-真空泵
7-制冷器
8-泵
9-水箱

图 6.7　间歇式冷冻干燥原理图

冷冻干燥装置主要由冷冻干燥室和冷凝室两部分组成。冷冻干燥室由放置物料的在升华箱 4 内的换热平板 3 等组成，换热板内的循环利用泵 8 进行。物料冷冻时，冷载体的冷冻在装有蛇管的容器 2 中完成，在蛇管中有来自冷冻装置 1 的冷载体循环。干燥时，热载体的加热在水箱 9 中用电加热器来完成；水蒸气的冷凝是在高度低温的冷凝器 5 中进行的，由制冷设备 7 传给冷载体，未被冷凝的气体用真空泵 6 排除。

在冷冻阶段，水分蒸发的强度取决于物料表面与冷冻室内部水蒸气的压力差。

$$m_1 = K_1 (p_m - p) \tag{37}$$

式（37）中：

m_1——蒸发强度，kg/(m² · s)；

K_1——冷冻时的质量传递系数，s/m；

p_m——物料表面的水蒸气压力，Pa；

p——冷冻室内水蒸气的压力，Pa。

在冷凝器中冷凝蒸汽的强度取决于冷凝器中的蒸气压与冰的表面温度下的饱和蒸气压之差。

$$m_2 = K_2(p_n - p_i) \tag{38}$$

式（38）中：

m_2——冷凝强度，kg/(m² · s)；

K_2——冷凝时的质量传递系数，s/m；

p_n——冷凝器中的水蒸气压力，Pa；

p_i——冷凝器中冰的表面温度下的饱和水蒸气的压力，Pa。

通常在冷凝器中，冰的表面温度在−40～−30 ℃范围内，$p_i = 15～40$ Pa。冷冻过程的强度、蒸汽的迁移和它们在表面的冷凝，取决于上述两个蒸汽分压之差：$\Delta p = p_m - p_i$。可见为了强化冷冻过程，最好使Δp值较大，因此希望在冷冻时有良好的热传导，使物料温度最大限度地接近允许值，而冷凝温度最大限度地降低。选择冷凝器的冷凝温度时，当物料和冷凝器的温差较大时，蒸气压差也将较大，因此冷冻温度一般选在−30～−20 ℃，而冷凝器的温度一般限制在−45～−55 ℃。

为了保证一定的冷冻强度，必须经常从物料表面转移所形成的水蒸气。蒸汽的体积随着干燥室内的压力下降而剧烈地增长，如在1个大气压下1 kg水蒸气的体积为1.72 m³，而在133.3 Pa 是1 000 m³，在13.3 Pa 时则为10 000 m³，即在冷冻时，1 kg蒸汽的体积比1 kg冰的体积增加百万倍。因此，研究冷冻干燥器结构时应力求在可能的范围内减少在蒸汽运动的路线上的阻力，否则，在冷冻机中蒸气压将增加，导致干燥强度和产品质量的下降。

2. 过程控制

由于生物制品和药品的冻干工艺比较复杂，为保证冻干产品的质量和节能，在生产过程中需要严格控制预冻温度、升华吸热等，使冻干过程各阶段按照预先制订的工艺路线工作。

1）预冻温度

冷冻过程开始时，首先把原始的悬浮液或溶液转变成为低共熔混合物（共晶体），它由结晶的冰和盐组成。发生共晶体转变阶段的温度称为低共熔温度，各种物质的低共熔温度和浓度是不同的。对于生物悬浮液和溶液，它们的低共熔（低共熔冰盐结晶）区域可以用实验的方法来测定。在真空冷冻干燥过程中，需要先对被干燥的药品进行预冻，然后在真空状态下，使水分直接由冰变为气而使药品干燥。在整个升华阶段，药品必须保持在冻结状态，否则就不能得到性状良好的产品。在药品预冻阶段，要严格控制预冻温度（通常比药品的共熔点低几摄氏度）。如果预冻温度不够低，那么药品可能没有完全冻结，在抽真空升华时会膨胀起泡；若预冻温度太低，不仅会增加不必要的能量消耗，而且对于某些生物药品，会降低其冻干后的成活率。

2）升华吸热

在冷冻过程中，共晶体中水的相变可以用相图来表示。在图中同时存在固态、液态和蒸汽的点称为三相点，水的三相点的压力为 610.5 Pa，温度为 0.01 ℃。干燥生物悬浮液和溶液时，其压力和温度将不同于纯水的压力和温度，升华条件的确定取决于材料表面的饱和蒸气压和温度。理论上，生物材料的升华干燥应该在温度小于低共熔温度下进行，但实际上由于低共熔盐结晶混合物的过冷现象，有时以开始熔化温度作为控制点，它常高于完全凝固温度。物质的相变必然伴随着能量的变化，$-30 \sim -25$℃时，每千克冰升华时大约要吸收 3 000 kJ 的热量。此外，能量还会消耗在加热主要装置和零件，以及加热干物料和熔化在冷凝器上的冰（约 400 kJ/kg）等方面。在干燥升华阶段，物料需要吸收热量（每克冰完全升华成水蒸气约吸收 2.8 kJ 的热量）。如果不对药品进行加热或热量不足，那么水分升华时会吸收药品本身的热量而使药品的温度降低，致使药品的蒸气压降低，于是引起升华速度的降低，整个干燥的时间就会延长，生产率下降；若对药品加热过多，药品的升华速率固然会提高，但在抵消了药品升华所吸收的热量之后，多余的热量会使冻结药品本身的温度上升，使药品可能出现局部甚至全部熔化，引起药品的干缩起泡现象，整个干燥就会失败。

3）自动化控制

为了获得良好的冻干药品，一般在冻干时应根据每种冻干机的性能和药品的特点，在经过试验的基础上制定出一条冻干曲线，然后控制机器，使冻干过程各阶段的温度变化符合预先制定的冻干曲线。真空冷冻干燥的生产过程控制可借助计算机来控制生产系统按照预先设定的冻干曲线工作。如计算机对链霉素硫酸盐的冻干过程控制可分为两个阶段：第一阶段，在低于熔点的温度下，将水分从冷冻的物料内升华，有 98%～99% 的水分均在此时被除去；第二阶段，将物料温度逐渐升到或略高于室温，经此阶段水分可以减少到低于 0.5%。此过程预冻温度为 -40 ℃左右，时间约 2 小时。冻干药品的干燥升华阶段，物料温度为 -35～-30℃，绝对压强为 4～7 Pa。链霉素的最终干燥温度可升至 40 ℃，总干燥时间约 18 小时。采用计算机自动化控制系统，有助于保证药品符合质量要求。

四、冷冻干燥过程优化

对冷冻干燥过程的研究意在为系统找到最优冻干曲线。冷冻干燥过程优化控制的焦点集中在冷冻干燥的物性参数及其影响因素、过程参数、过程机制和模型、过程优化控制等的研究。

真空冷冻干燥技术的基本参数包括物性参数和过程参数，它们是实现真空冷冻干燥过程的基础，这些数据的缺乏会使干燥过程难以实现针对原料的优化，不能充分发挥系统效率。物性参数指物料的导热系数、传递系数等，主要包括物性参数数据的测定和测定方法，以及环境条件、压强、温度、相对湿度和物料颗粒取向等对物性参数的影响；过程参数包括冷冻、供热和物料形态等有关参数。

供热过程的研究则集中在两方面：一是对原料载体的改良，二是加热方式（传热方式和供热热源）的选择。确定恰当的物料形态也是重要的研究内容，它包括原料的颗粒形态和料层厚度等。

从热量传递和质量传递入手研究真空冷冻干燥的机制并建立相应的数学模型，有助于找出过程的影响因素，预测时间、温度及蒸气压的分布状况。研究主要限于均质液相，并提出了一些数学模型，如冰前沿均匀退却模型、升华模型、吸附-升华模型等。这些模型虽然对真空冷冻干燥的过程作了不同程度的描述，但在实际应用中仍然存在许多限制条件。过程优化控制就是建立在上述数学模型的基础上的，控制方案又有准稳态模型和非稳态模型之分。